用輕盈奶油霜將花種上蛋糕

第一次就擠出 夢幻花蛋糕

長嶋 清美

前言

掀開蛋糕盒蓋時的驚喜和歡呼聲。
每次製作花卉蛋糕，
總是能感受到那樣的幸福瞬間。

用鮮艷奶油霜製作花卉，
看起來似乎有點困難，
事實上，只要掌握基本功，
就可以沉浸在製作的樂趣當中。

而且，本書所介紹的奶油霜相當輕盈，
顛覆了以往的傳統奶油霜
沉重、油膩不美味的形象。
這次的奶油霜絕對值得一嚐。

希望大家能藉此機會，為蛋糕加上些許裝飾，
營造出各種不同的氛圍。

Sakura bloom
長嶋　清美

Contents

Chapter.1 花卉杯子蛋糕

Chapter.2 多肉植物的杯子蛋糕

Column

Chapter.3 季節性的花卉蛋糕

・Spring・

・Summer・

・Autumn・

・Winter・

Chapter.4 花卉蛋糕的基礎

||| 本書的使用規則 |||

◎奶油使用不含食鹽的種類。
◎染色用粉末會因商品不同而有色調上的差異。
◎染色材料請逐步添加，以便微調。
◎基底蛋糕烤好後，務必預先放涼。
◎製作好的蛋糕約可冷藏保存5天左右。

Chapter. **1**

花卉杯子蛋糕

介紹以花卉妝點
小巧杯子蛋糕的方法。
可以試著在杯子蛋糕上面擺上一大朵花，
或是把喜歡的花卉集合在一起，
自由變化搭配。

A
C

玫瑰

鮮豔且惹人憐愛，

花卉蛋糕的固定角色。

為您介紹稍微旋轉就可製成的簡單玫瑰、

一片片花瓣編織而成的正統玫瑰等，

三種類型的玫瑰製法。

Recipe — 玫瑰 A P.10

玫瑰 B P.10

玫瑰 C P.11

玫瑰 A

使用的花嘴和奶油霜

①#2D（五齒形花嘴）
粉紅

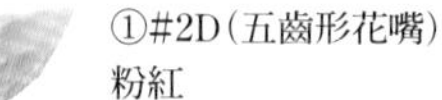

③擠花袋
白色

②#349（葉形花嘴）
黃綠色

材料

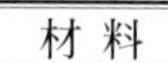

杯子蛋糕

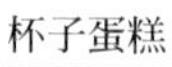

奶油霜

1.垂直拿著奶油霜①，從蛋糕的中央開始進行擠花。

2.以漩渦狀的方式，直接往外側進行擠花。只要一口氣用力擠出，就可以擠出漂亮的形狀。

3.以步驟**2**的擠花結尾為中心，用奶油霜②擠出3片呈放射狀的葉子。斜握花嘴並輕推擠出，然後鬆手將花嘴往後拉。

4.稍微擠一點奶油霜②在樹葉的中心，最後再用奶油霜③，在葉子上面擠出圓點。

玫瑰 B

使用的花嘴和奶油霜

①#102（玫瑰花嘴）
煙燻粉

②#349（葉形花嘴）
黃綠色

材料

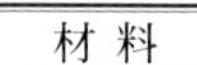

杯子蛋糕

奶油霜

1.用奶油霜①，在蛋糕的中央擠出花蕾（參考P.75 立體花朵「玫瑰」的步驟**1**～**4**）。

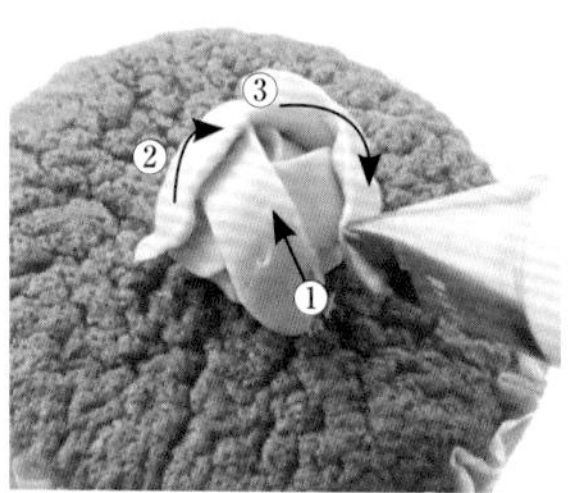

2.用4片花瓣包住花蕾。讓花嘴的寬口部分朝下，由後往前宛如畫圓弧般擠出。皆從花瓣的一半位置開始擠出。

3.重覆相同步驟，一直持續擠到蛋糕的邊緣。隨著越往外側，花瓣角度要略微浮起，擠的角度也要朝外稍做變化，這樣能更顯立體。

4.用奶油霜②，把葉子擠在玫瑰和蛋糕之間。斜握花嘴輕推擠出，然後鬆手將花嘴往後拉。

玫瑰 C

使用的花嘴和奶油霜

①不用花嘴
(把擠花袋的前端筆直切斷)
珊瑚粉紅

②#124(玫瑰花嘴)
珊瑚粉紅

③#349(葉形花嘴)
黃綠色

材料

杯子蛋糕

奶油霜

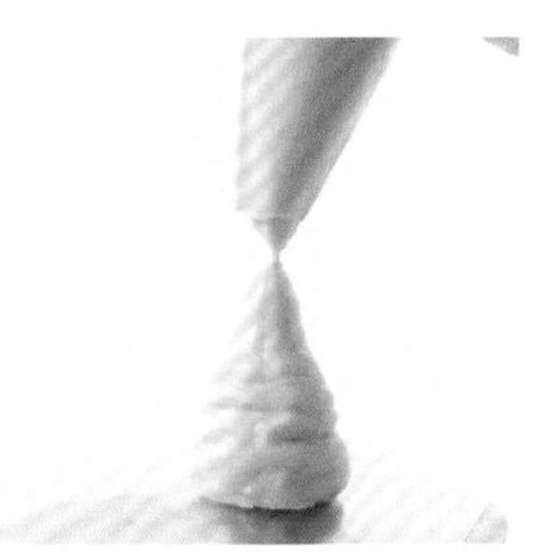

1.垂直拿著奶油霜①，把花蕊擠在花釘（P.67）的中央。輕推擠出，最後往上拉。

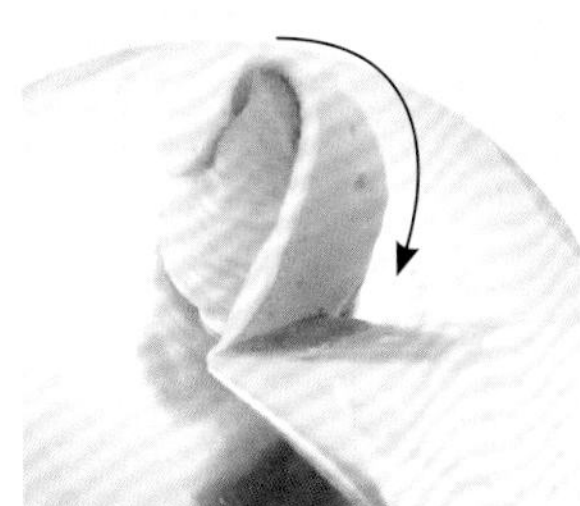

2.用4片花瓣包住花蕊。讓花嘴的寬口部分朝下，擠出奶油霜②。從花蕊上部的後方往前擠出，宛如包裹住花蕊一般。

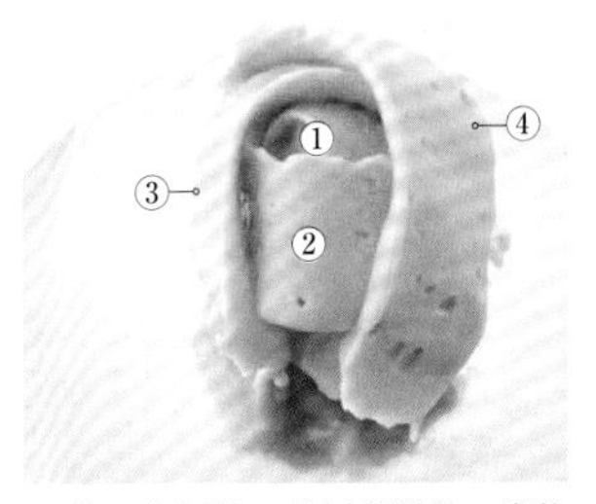

3.第二片以後，就以花瓣的一半位置作為起點。和步驟**2**一樣，擠出3片花瓣後，花蕾就完成了。

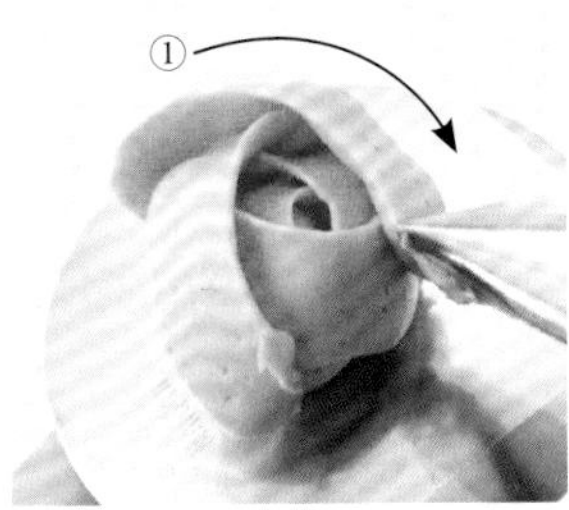

4.用4片花瓣包圍花蕾。由後往前，宛如描繪圓弧般，轉動手腕擠出。

5.隨著越往外側，花瓣的角度要略微浮起，藉此製作出立體感。

6.第二圈用5片花瓣包圍。將花嘴垂直，宛如讓花瓣立起一般，由後往前擠出半圓形。

7.外圈用7片花瓣包圍。花嘴稍微朝外側傾斜，宛如讓花瓣往外翻似的，由後往前擠出半圓形。藉此營造出花朵盛開的感覺。

Decoration

POINT

裝飾前先放進冷凍庫！

在作業過程中，奶油霜會因為室溫和手的熱度而逐漸軟化。擠出來的花只要先放進冷凍庫冷藏（5～10分鐘），就不會輕易變形。

1. 在蛋糕的表面塗抹上奶油霜（白色）。
2. 把奶油霜擠在蛋糕的中央，再利用花剪（P.67）裝飾上玫瑰（參考P.16 POINT）。
3. 用奶油霜③把葉子擠在花和蛋糕之間（參考P.10 玫瑰A的步驟**3**）。

陸蓮花

藉由緊密重疊的花瓣
與細膩的堆砌來表現陸蓮花。
只要稍微加上色調變化，
就能更添真實感。

Recipe — P.13

陸蓮花

使用的花嘴和奶油霜

①#102(玫瑰花嘴)
綠色

②#103(玫瑰花嘴)
淡粉色

③#103(玫瑰花嘴)
珊瑚紅

④#349(葉形花嘴)
苔綠色

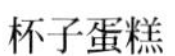

材料

杯子蛋糕

奶油霜

1.垂直拿著奶油霜①，把花蕊擠在花釘的中央。輕推擠出，最後往上拉。

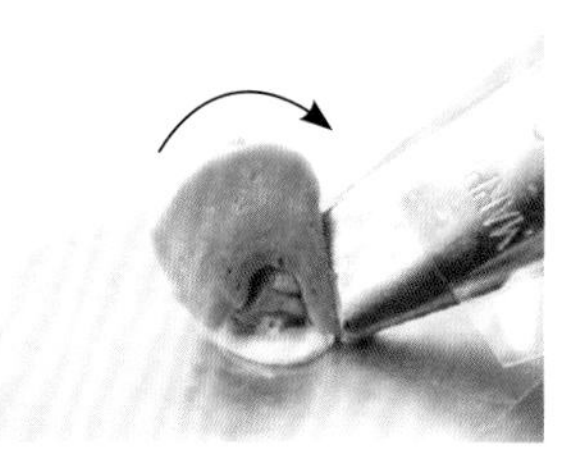

2.用4片花瓣包住花蕊。讓花嘴的寬口部分朝下，擠出半圓形，宛如讓花瓣立起一般。

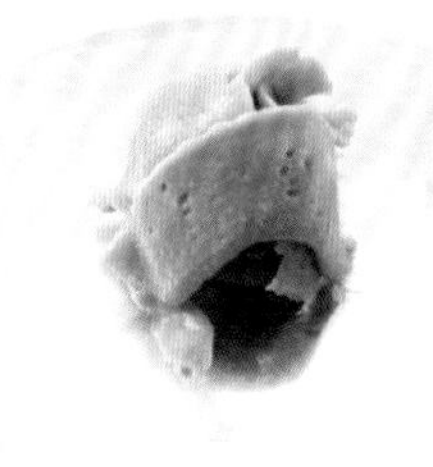

3.第二片以後，就以花瓣的一半位置作為起點。做出和步驟2相同的擠花動作後，花蕾就完成了。

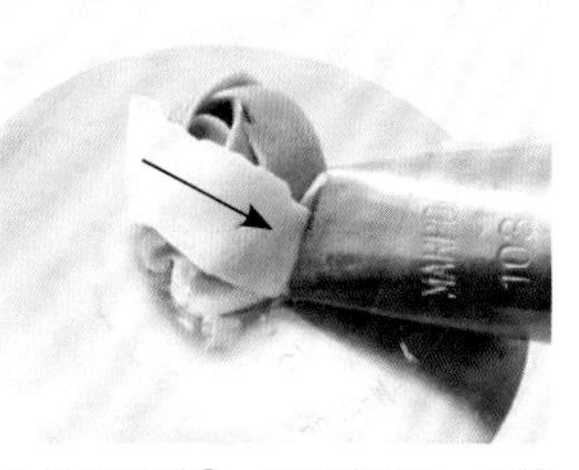

4.用奶油霜②，重覆步驟2、3的擠花動作，用4片花瓣包圍花蕾。擠花的最後動作要將花嘴平放，這部分是關鍵。

5.再擠出一圈，動作和步驟4相同，擠出4片花瓣。

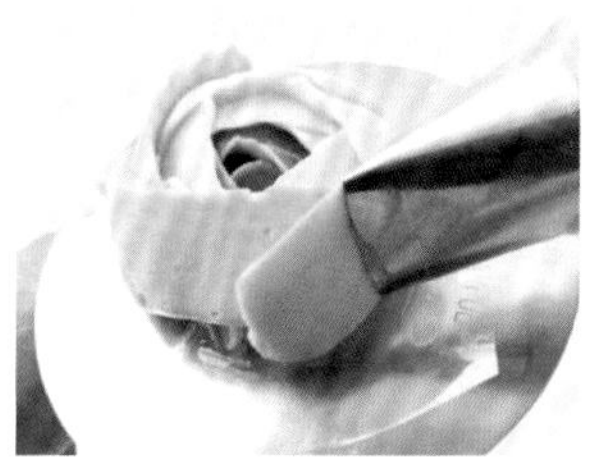

6.用奶油霜③，重覆步驟2～4的動作，以一圈大約4～6片花瓣的程度，反覆擠花直到花釘的邊緣。

7.隨著越往外側，花瓣的角度要略微浮起，藉此製作出立體感。

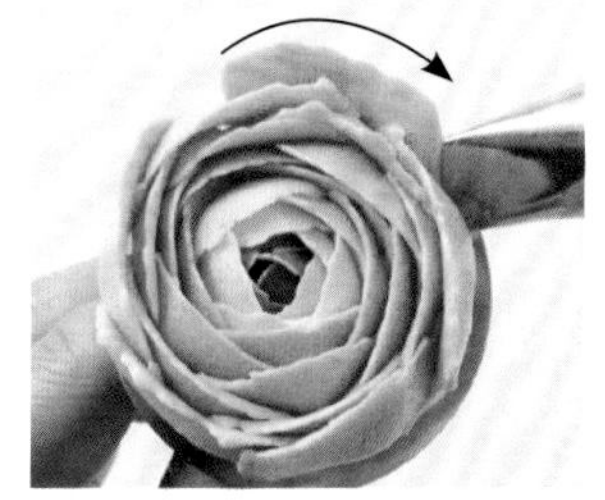

8.外圈要讓花嘴稍微朝外側傾斜，宛如讓花瓣往外翻似的，由後往前擠出半圓形。藉此營造出花朵盛開的感覺。

Decoration

① 在蛋糕的表面塗抹上奶油霜（白色）。

② 把奶油霜擠在蛋糕的中央，再利用花剪裝飾上陸蓮花（參考P.16 POINT）。

③ 用奶油霜④把葉子擠在花和蛋糕之間（參考P.10 玫瑰A的步驟3）。

銀蓮花和歐丁香

以大花瓣為特徵的銀蓮花和
小巧的歐丁香，
皆為春天盛開的花朵。
把歐丁香裝飾在銀蓮花的縫隙之間，
製作出華麗的杯子蛋糕。

Recipe — P.16

康乃馨

雅緻又可愛的皺褶，

正是康乃馨的魅力所在。

懷著感恩的心，

作為母親節的贈禮。

Recipe — P.17

銀蓮花	歐丁香	使用的花嘴和奶油霜	材 料

使用的花嘴和奶油霜

①#104
(玫瑰花嘴)
白色

②擠花袋
黑色

③#81
(葉形花嘴)
煙燻紫

④擠花袋
白色

⑤#349
(葉形花嘴)
黃綠色

材 料

杯子蛋糕

奶油霜

銀蓮花

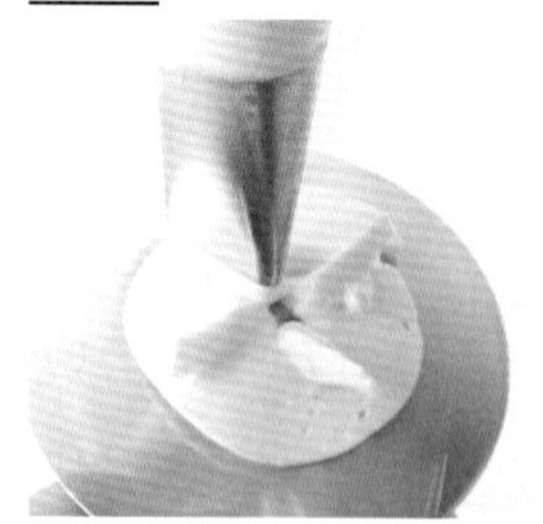

1.花嘴寬口朝向中央，把奶油霜①擠成圓形，並在等距的四個位置擠一些奶油霜，作標記（參考P.75平面花朵「銀蓮花」的步驟**1**、**2**）。

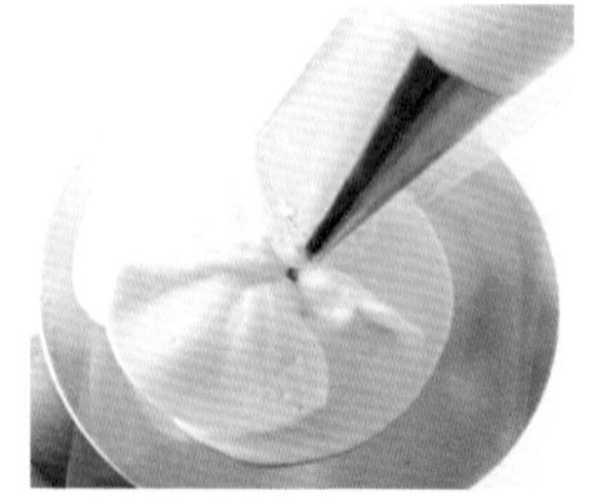

2.以步驟**1**的標記為中心，擠出4片花瓣（參考P.75平面花朵「銀蓮花」的步驟**3**～**5**）。

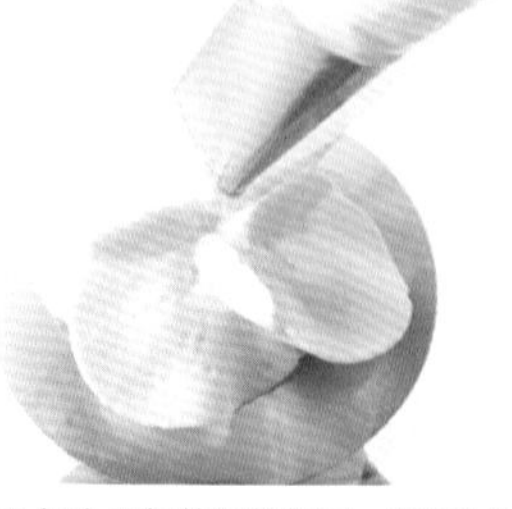

3.加上四個位置的標記，擠出4片花瓣，製作出第二層花瓣。讓上下兩層花瓣相互交錯（參考P.75平面花朵「銀蓮花」的步驟**6**、**7**）。

4.用奶油霜②，在花的中央擠出較大的圓點，並在周圍點上小圓點。

歐丁香

1.讓花嘴的凹陷的部分朝向內側，垂直擠出奶油霜③。輕推擠出，再往上拉長。

2.與步驟**1**相同手法，在四邊擠出4片花瓣組成一朵小花，重覆相同動作，直到看不見蛋糕表面為止。

3.用奶油霜④，分別在花的中央擠出小圓點。

Decoration

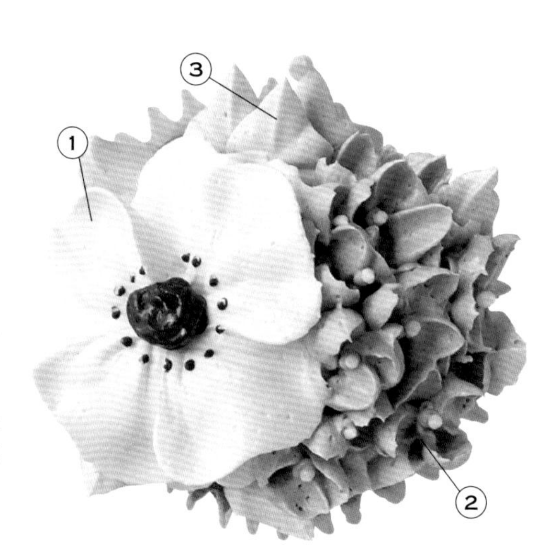

① 在蛋糕的外側擠上些許奶油霜，用花剪裝飾上銀蓮花。

② 直接在蛋糕的空白部位製作歐丁香。

③ 用奶油霜⑤把葉子擠在花和蛋糕之間（參考P.10 玫瑰A的步驟**3**）。

POINT

用花剪簡單裝飾！

把製作好的奶油霜裱花移動到蛋糕上面的時候，要善用花剪。如此就可以在避免變形的情況下，把奶油霜裱花裝飾在蛋糕上面。使用的方法也相當簡單，只要把花剪平行放進奶油霜裱花的底部，輕輕往上抬起，就可以移動奶油霜裱花。也可以用抹刀來代替。

康乃馨

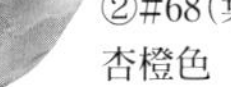

使用的花嘴和奶油霜

①不用花嘴
(把擠花袋的前端筆直切斷)
杏橙色

②#68(葉形花嘴)
杏橙色

③#352(葉形花嘴)
黃綠色

④#2(圓形花嘴)
白色

材料

杯子蛋糕

奶油霜

1.把奶油霜①垂直擠放在花釘的正中央，製作成花蕊。推壓擠出，最後往上拉。

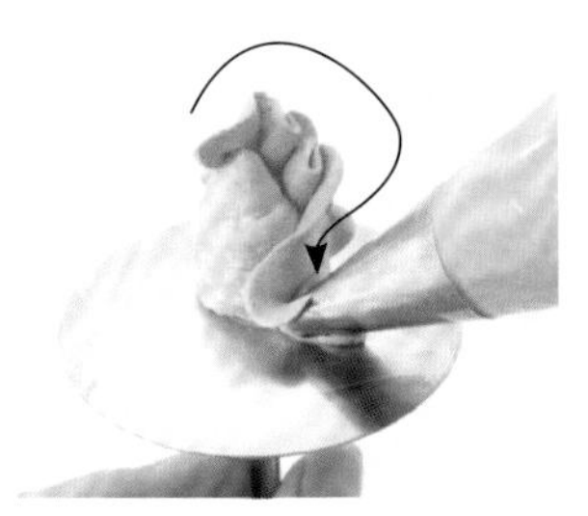

2.用奶油霜②從頂端開始傾斜朝下，擠出螺旋狀。這個時候，把花嘴立起，往左右小幅度擺動，製作出皺褶。

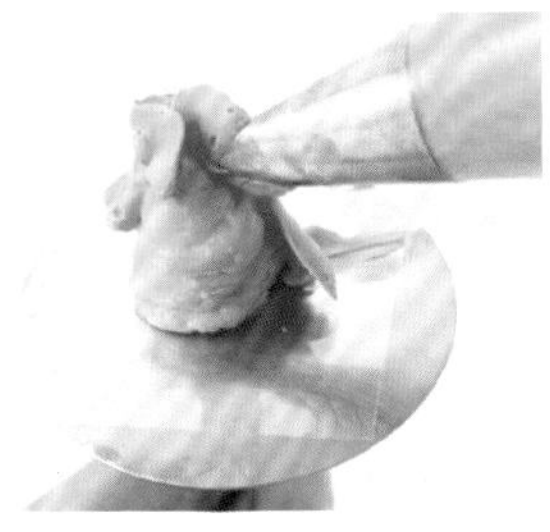

3.從第一片完成的皺褶尾端的正上方開始，利用與步驟**2**相同的方式，擠出第二片皺褶。

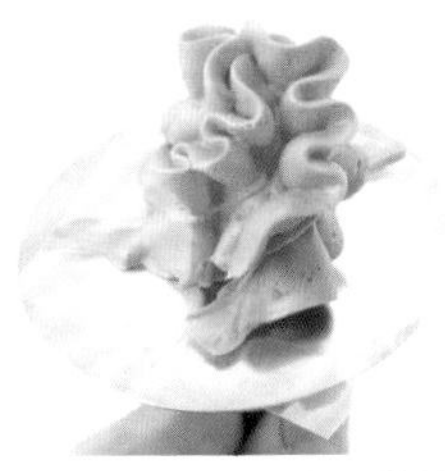

4.從第二片完成的皺褶尾端的正上方開始，利用與步驟**2**相同的方式，擠出第三片皺褶。如此，內側的花瓣就完成了。

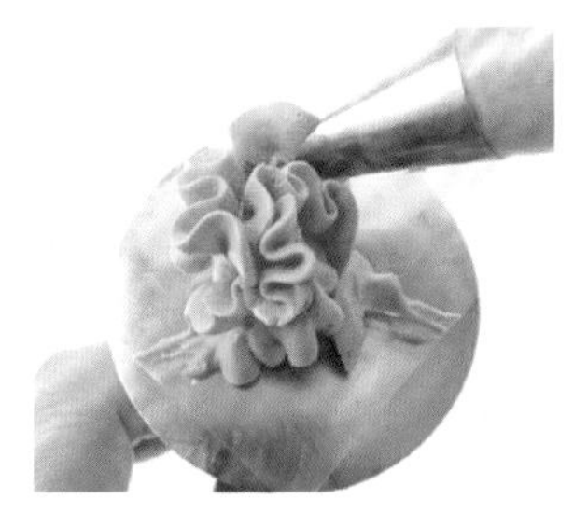

5.外圈就從花瓣和花瓣之間開始擠出皺褶。

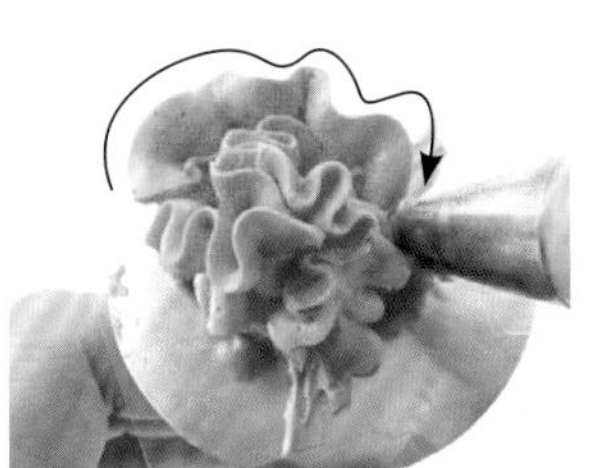

6.宛如畫半圓似的，由後往前擠出皺褶。這個時候，皺褶的幅度要比步驟**2**的幅度略為平緩，因此需往左右大幅擺動。

7.第二片之後，要讓皺褶和前一片花瓣稍微重疊。擠出3～4片花瓣，整體的形狀調整好之後，就完成了。

Decoration

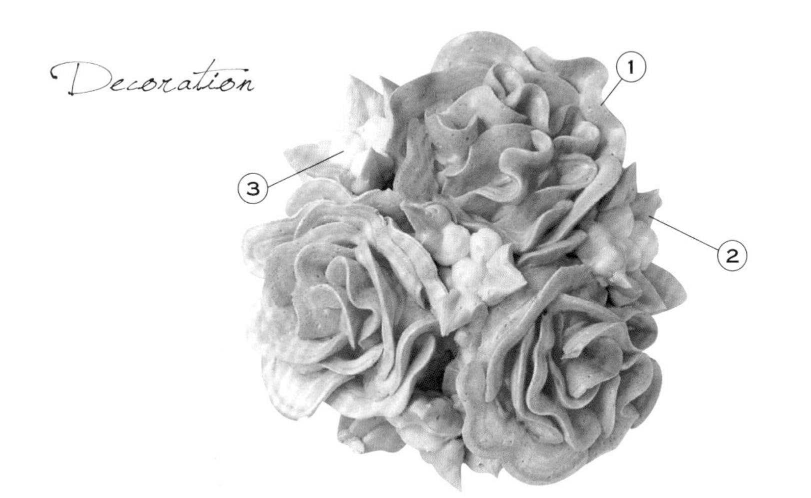

① 在蛋糕中央的三個位置擠出奶油霜，用花剪把康乃馨朝外裝飾（參考P.16 POINT）。

② 用奶油霜③，在花和花之間的四個縫隙處，分別製作出3片放射狀的葉子（參考P.10 玫瑰A的步驟**3**）。

③ 用奶油霜④在葉子中央擠出3個略大的圓點，製作成花蕾。

三色堇

小巧挺立的鮮豔三色堇，
只要密集擺放，就會變得十分華麗。
花瓣的顏色也可以自由變化，
製作成個人專屬的花束。

Recipe — P.20

小蒼蘭

隱約帶著香氣的小蒼蘭，

在蛋糕上面盛開，

充滿熱鬧、豐盛的氣氛。

別忘了加上綠葉，

為整體加分。

Recipe — P.21

三色堇

使用的花嘴和奶油霜

①#102（玫瑰花嘴）
白色

②#102（玫瑰花嘴）
皇家藍

③擠花袋
黃色

④#349（葉形花嘴）
黃綠色

材 料

杯子蛋糕

奶油霜

凝膠狀食用色素
紫蘿蘭色
（Wilton公司／
Icing Color）

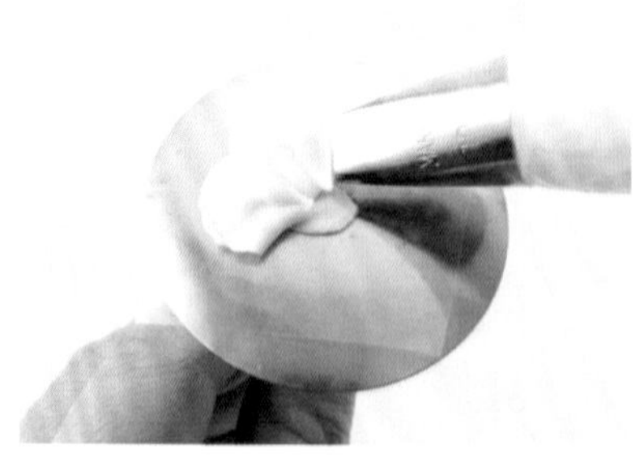

1.用奶油霜①，讓花嘴的寬口部分朝向下方，傾斜45度左右，在花釘的中央擠出2片花瓣（參考P.74 五片花瓣的步驟 **1**～**3**）。

2.用奶油霜②，利用和步驟 **1** 相同的方式，擠出3片花瓣。第一層完成。

3.用奶油霜①，利用與步驟 **1** 相同方式，在步驟 **1** 花瓣上方擠出2片較小的花瓣。這個時候，花嘴要仰成60度左右，讓花瓣略微呈現直立。

4.用奶油霜③，在中央擠出圓點。

5.用牙籤沾取凝膠狀食用色素，在花瓣上方描繪出放射狀的花紋，就完成了。

6.可以用三種不同的顏色製作出鮮豔的色彩，也可以採用同種色系。

Decoration

① 在蛋糕的表面塗抹奶油霜（白色）。

② 在蛋糕的外側擠上些許奶油霜，用花剪裝飾上三色堇（參考P.16 POINT）。讓三色堇稍微重疊，製作出宛如花環般的造型。

③ 用奶油霜④把葉子擠在花和花之間（參考P.10 玫瑰A的步驟 **3**）。

小蒼蘭

使用的花嘴和奶油霜

①#104（玫瑰花嘴）
檸檬黃

②擠花袋
檸檬黃

③#349（葉形花嘴）
黃綠色

材 料

杯子蛋糕

奶油霜

1.用奶油霜②，在花釘的中央，擠出圓球狀的花蕊。

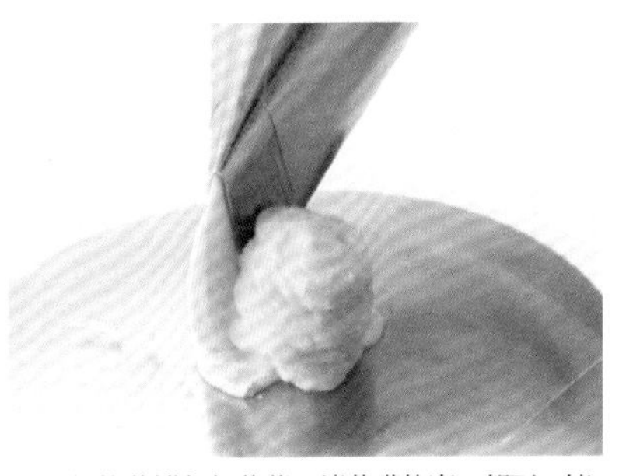

2.用3片花瓣包住花蕊。讓花嘴的寬口朝下，擠出奶油霜①。

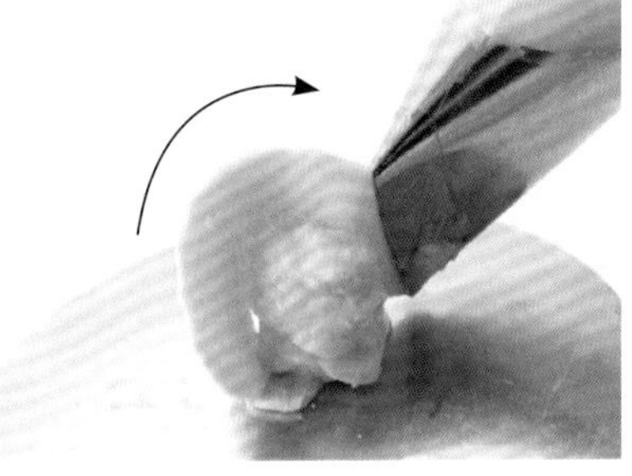

3.宛如讓花瓣直立般，由後往前畫出半圓狀。

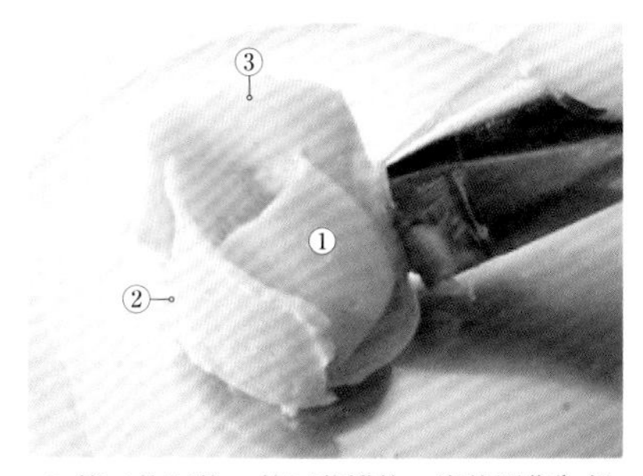

4.第二片以後，就以花瓣的一半位置作為起點。利用與步驟**2**、**3**相同的動作，擠出2片花瓣後，花蕾就完成了。

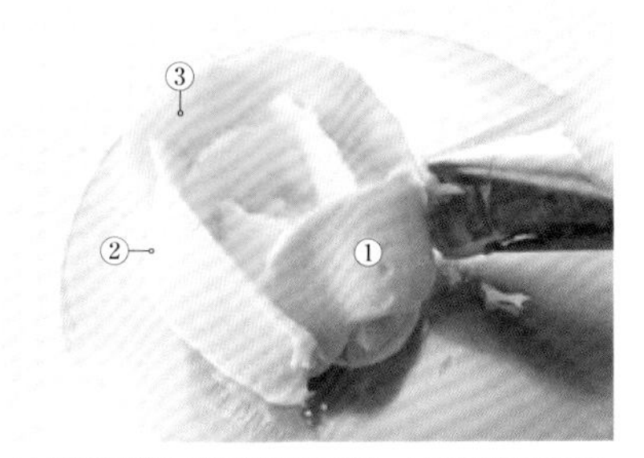

5.外圈同樣也要擠出3片花瓣。只要讓外側和內側的花瓣位置交錯就可以了。

6.用奶油霜②，在中央擠出3個圓點就完成了。

Decoration

① 在蛋糕的表面塗抹奶油霜（白色）。

② 用花剪把小蒼蘭裝飾在蛋糕外圍的五個位置（參考P.16 POINT）。

③ 在空白的蛋糕中央擠上略微隆起的奶油霜，再用花剪把小蒼蘭擺上。

④ 用奶油霜③把葉子擠在外圍的花和花之間（參考P.10 玫瑰A的步驟**3**）。

⑤ 用奶油霜③擠出5片葉子，把中央的小蒼蘭包圍起來。

鬱金香和石頭花

利用圓滾、豐滿的鬱金香和

有著小巧白花的石頭花，

製作出可愛的蛋糕。

如果湯匙上面再來點小巧思，

更適合以此來招待賓客。

Recipe — P.23

鬱金香

石頭花

使用的花嘴和奶油霜

①#103(玫瑰花嘴)
淡粉色

②#234(蒙布朗花嘴)
黃綠色

③擠花袋
白色

④#352(葉形花嘴)
黃綠色

材料

杯子蛋糕

奶油霜

鬱金香

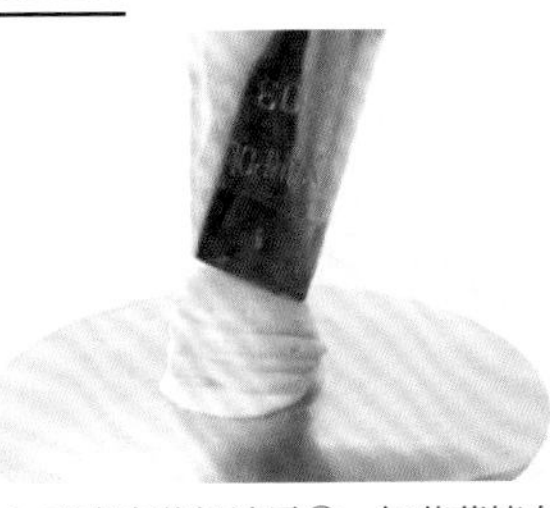

1.垂直拿著奶油霜①，把花蕊擠在花釘的中央。推壓擠出，最後往上拉。

2.花嘴垂直平貼，從下往上拖拉擠出。以相同方式，重疊擠出6～8片花瓣，把花蕊包圍起來，製作出花蕾。

3.用4片花瓣包圍花蕾。花嘴垂直平貼，像是寫一個「U」字那樣。筆直擠出，讓奶油霜和奶油霜貼近。

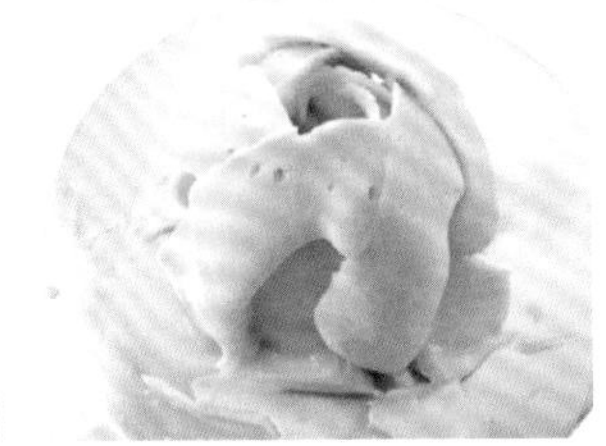

4.外圈就像從前面畫出半圓般，擠出4片花瓣。花瓣大約重疊一半左右。

石頭花

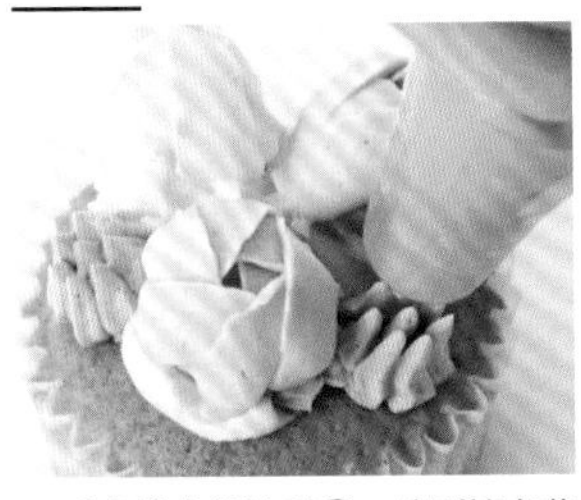

1.垂直擠出奶油霜②，分別擠在花和花之間的四個位置。輕輕擠出，再往上拉。

2.用奶油霜③在步驟**1**的前端擠出圓點。

3.像是把花包圍起來似的，用奶油霜④擠出葉子。

Decoration

① 在蛋糕中央的三個位置擠上些許奶油霜，用花剪裝飾上鬱金香（參考P.16 POINT）。

② 直接把石頭花擠在蛋糕上的空白位置。

③ 用奶油霜④在花和杯子蛋糕之間擠出葉子（參考P.10 玫瑰A的步驟**3**）。

大麗菊

毫無縫隙的緊密貼合，
存在感強烈的大麗菊。
不光是藍色系，
也可以試著挑戰
粉紅或橘色等個人喜歡的顏色。

Recipe — P.25

大麗菊

使用的花嘴和奶油霜

①不用花嘴
（把擠花袋的前端筆直切斷）
天空藍

②#59（花瓣花嘴）
天空藍

③擠花袋
白色

④#349
綠色

材料

杯子蛋糕

奶油霜

1.垂直拿著奶油霜①，把花蕊擠在花釘的中央。推壓擠出，最後往上拉。

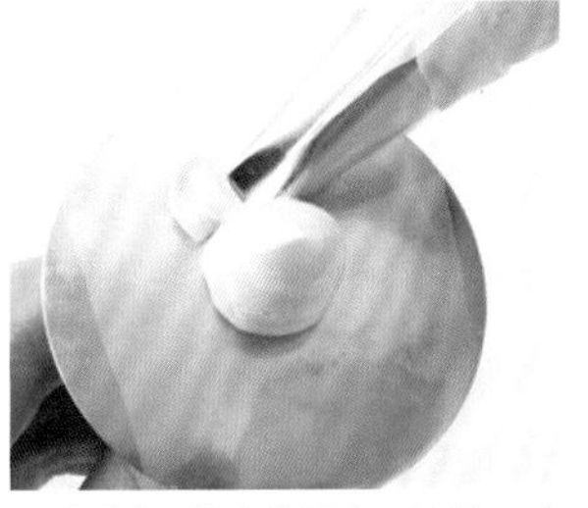

2.花嘴的凹陷部位朝內，呈現45度傾斜，宛如畫小半圓般，擠出細長狀的花瓣。

3.第二片花瓣以後，從上一個花瓣的下方開始擠出。盡可能讓花瓣的大小相同，把花蕊包圍起來，第一層就完成了。

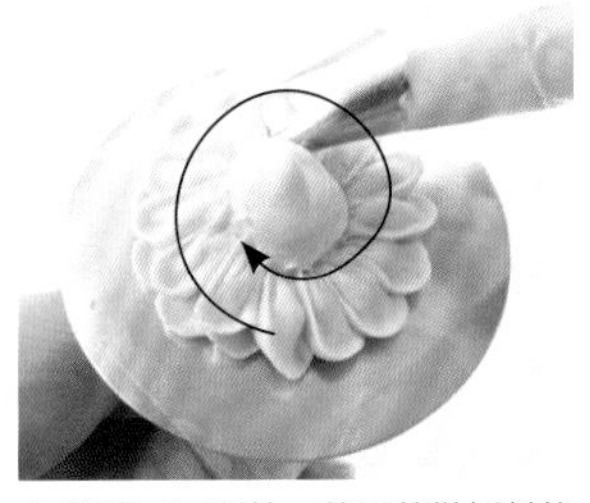

4.從第二層開始，就用稍微傾斜的螺旋方式來製作，方法就跟步驟**2**、**3**相同。這個時候，花瓣的長度要比第一層略短一些。

5.第三層的方法也和步驟**2**～**4**相同。越往上層的時候，只要讓花瓣立起來，就可以製作出立體感。

6.反覆擠出花瓣，直到完全覆蓋住花蕊前端為止。

7.用奶油霜③在中心擠出圓點。

Decoration

① 在蛋糕外圍的四個位置擠上些許奶油霜，用花剪裝飾上大麗菊（參考P.16 POINT）。

② 在蛋糕中央的空白位置擠上隆起的奶油霜，用花剪裝飾上大麗菊。

③ 用奶油霜④在花和花之間擠出葉子（參考P.10 玫瑰A的步驟**3**）。

菊花

象徵高貴而深受喜愛的菊花，
特色是纖細的花瓣和圓潤的形狀。
宛如日式點心般的風雅格調，
用來製作成日式的杯子蛋糕，
應該也很受長輩的喜愛。

Recipe — P.28

山茶花

讓人不自覺看得入迷的紅白對比。

足以魅惑人心的山茶花，

搭配草珊瑚，

徹底表現「和」的精神。

Recipe — P.29

菊花

使用的花嘴和奶油霜

①#81（葉形花嘴）
檸檬黃

②#352（葉形花嘴）
綠色

材 料

杯子蛋糕

奶油霜

1.垂直拿著奶油霜①，把花蕊擠在花釘的中央。一邊推壓擠出，一邊擴寬，製作出圓潤的形狀。

2.讓花嘴的凹陷部位朝內。花嘴傾斜45度，平貼著花蕊擠出，直接往上拉。

3.注意盡量讓花瓣的大小相同，擠出一圈，完整包覆花蕊。

4.利用與步驟2相同的方式，把第二層花瓣擠在步驟3的內側。只要讓上下層的花瓣相互交錯就可以了。

5.把第三層的花瓣擠在步驟4的內側。花嘴呈現60度左右，讓花瓣稍微立起。就這樣反覆動作，直到靠近花蕊中央為止。

6.到中央部分時要讓花嘴垂直，讓花瓣呈現筆直豎立。

① 在蛋糕內側的三個位置擠上奶油霜，用花剪讓菊花朝向外側裝飾（參考P.16 POINT）。

② 用奶油霜②在花和花之間擠出葉子（參考P.10 玫瑰A的步驟3）。

山茶花

使用的花嘴和奶油霜

①不用花嘴
(把擠花袋的前端筆直切斷)
白色

④#68(葉形花嘴)
綠色

②#104(玫瑰花嘴)
深紅色

⑤#2(圓形花嘴)
深紅色

③擠花袋
黃色

⑥擠花袋
棕色

材料

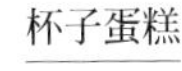

杯子蛋糕

奶油霜

1.垂直拿著奶油霜①,把花蕊擠在花釘的中央。推壓擠出,最後往上拉。

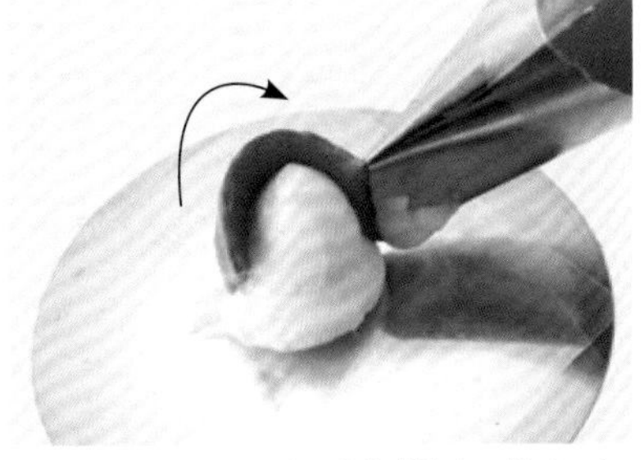

2.用3片花瓣包圍花蕊。讓花嘴的寬口朝下,宛如讓花瓣立起般,以畫半圓的方式由後往前擠出奶油霜②。

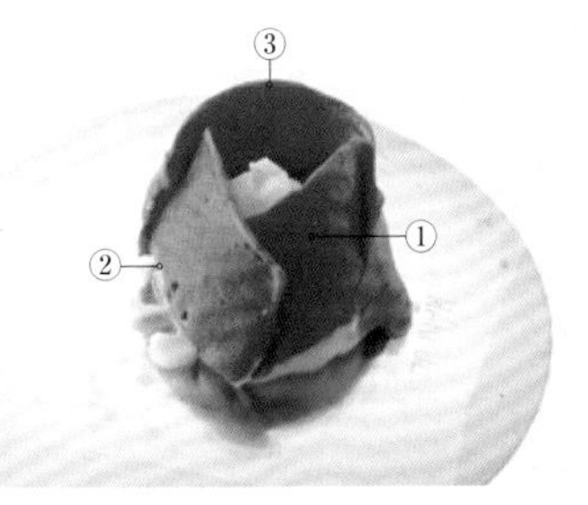

3.從第二片花瓣開始,讓花瓣和上一片花瓣稍微重疊。花蕾完成了。

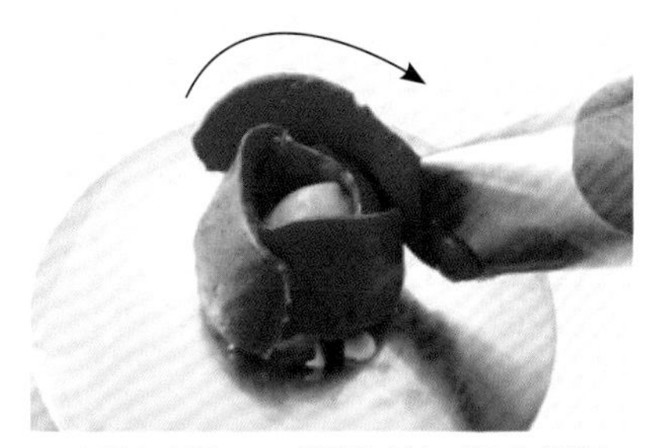

4.利用和步驟2、3相同的方法,用4片花瓣包圍花蕾。讓花嘴稍微傾向外側。
※小朵山茶花做到步驟4即可(→跳至6)。

5.外圈的花瓣要進一步讓花嘴往外側傾斜,利用與步驟2、3相同的方式,擠出3片花瓣。

6.用奶油霜③在中央擠出大量的圓點。

Decoration

① 在蛋糕的表面抹上奶油霜(白色)。

② 在蛋糕的後方擠上些許奶油霜,用花剪裝飾上山茶花(參考P.16 POINT)。

③ 像是包覆蛋糕表面般,用奶油霜④擠出略大的草珊瑚葉子(參考P.10 玫瑰A的步驟3)。

④ 在葉子上擠出草珊瑚的果實。用奶油霜⑤擠出圓點,再用奶油霜⑥描繪出芽(右圖),營造立體感。

芍藥

柔和的氛圍和
無數盛開的花瓣，
十分優雅。
深受女性喜愛。

Recipe — P.31

芍藥 A	芍藥 B	使用的花嘴和奶油霜	材料
		①#60（花瓣花嘴）煙燻粉 ②#61（花瓣花嘴）煙燻粉 ③擠花袋 檸檬黃 ④#352（葉形花嘴）黃綠色 ⑤#2（圓形花嘴）粉紅和白色的漸層	杯子蛋糕 奶油霜

芍藥 A

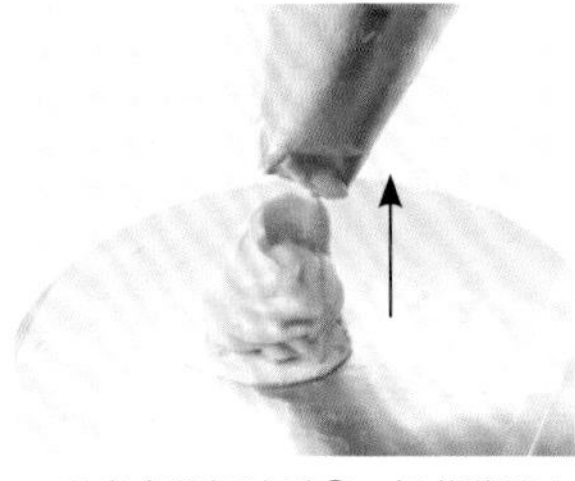

1.垂直拿著奶油霜①，把花蕊擠在花釘的中央。讓花嘴的凹陷部分朝向內側，從下往上推拉擠出。

2.從第二片花瓣開始，讓花瓣和上一片花瓣稍微重疊。只要用6～7片花瓣包圍花蕊，花蕾就完成了。

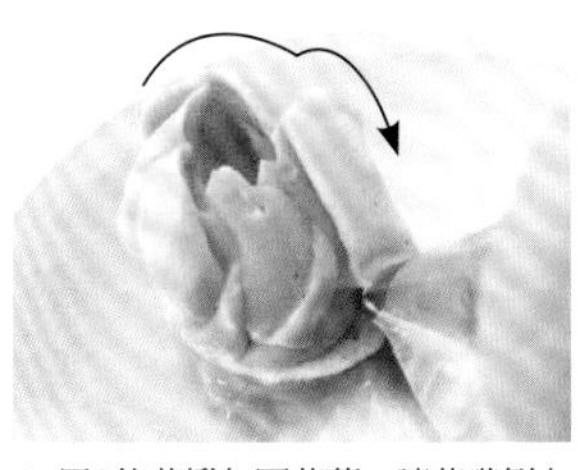

3.用3片花瓣包圍花蕾。讓花嘴倒向內側，像是倒著寫出「M」字，從左邊開始往右邊擠出。

4.第二圈、第三圈也利用和步驟**3**相同的方式擠出，只要分別擠出3片就完成了。

芍藥 B

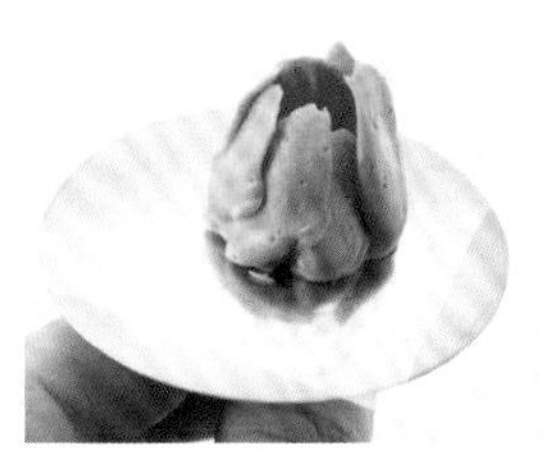

1.利用和芍藥A的步驟**1**、**2**相同的方式，用奶油霜②擠出花蕾。

2.利用與步驟**1**相同的方式，在花蕾的周圍反覆擠上三圈花瓣。

3.第四圈以後，要讓花瓣的角度慢慢朝向外側，做出花朵盛開般的樣子。製作時要一邊檢視整體的協調性。

4.花瓣擴展到花釘的邊緣後，用奶油霜③在中央擠出大量的圓點。

① 在蛋糕的後方擠上些許奶油霜，用花剪裝飾上芍藥B（參考P.16 POINT）。

② 外側則用花剪裝飾上2朵芍藥A。

③ 在花和花之間的四處縫隙，用奶油霜④分別擠出3片呈放射狀的葉子（參考P.10 玫瑰A的步驟**3**）。

④ 用奶油霜⑤在葉子中心擠出3個圓點。

松蟲草

在高原盛開的西洋山蘿蔔，
有著褶邊蕾絲般的獨特花瓣。
大膽隨機配置的花瓣，
營造出自然的格調。

Recipe — P.33

松蟲草

使用的花嘴和奶油霜

①#59(花瓣花嘴)
粉紅

②#3(圓形花嘴)
苔綠色

材料

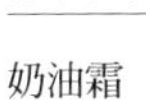

杯子蛋糕

奶油霜

1.讓花嘴的凹陷部位朝上，在蛋糕的內側擠出一圈奶油霜①。

2.讓花嘴的凹陷部位朝向內側，用畫出心型的要領擠出花瓣。

3.偶爾稍微改變一下擠花的方式，利用與步驟2相同的方式，擠出一圈花瓣。

4.利用與步驟2相同方式，在步驟3的內側擠出第二圈。用稍微挺立的角度擠出花瓣。

5.擠出中央空白部分的外圈。把花嘴垂直平貼，由下往上拉擠出較短的花瓣。

6.在中央稍微擠上一些奶油霜②，然後再擠上略大的圓點，填滿中央的空洞。

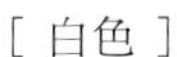

Decoration

[白色]

①#59(花瓣花嘴)
白色

②#3(圓形花嘴)
苔綠色

[皇家藍]

①#59(花瓣花嘴)
皇家藍

②#3(圓形花嘴)
苔綠色

[天空藍]

①#59(花瓣花嘴)
天空藍

②#3(圓形花嘴)
苔綠色

③#59(花瓣花嘴)
白色

※只有天空藍要在步驟5使用奶油霜③。

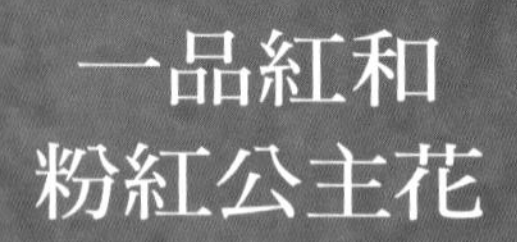

一品紅和
粉紅公主花

有著鮮豔大紅、淡雅粉紅和

素雅白色的美麗一品紅。

搭配圓潤花瓣的粉紅公主花

一起餽贈。

Recipe — P.35

一品紅

粉紅公主花

使用的花嘴和奶油霜

①#352
（葉形花嘴）
深紅色

②擠花袋
綠色

③擠花袋
黃色

④#103
（玫瑰花嘴）
珊瑚粉紅

⑤#352
（葉形花嘴）
綠色

材料

杯子蛋糕

奶油霜

一品紅

1.垂直拿著奶油霜①，把花蕊擠在花釘的中央。擠出5片從花蕊呈現放射狀的花瓣。平行拿著奶油霜①，筆直地橫向拖拉擠出。

2.第二層也和步驟**1**的做法相同，擠出5片花瓣。只要讓上下的花瓣相互交錯就可以了。

3.第三層要把手腕抬起，稍微傾斜著拖拉，擠出略小的花瓣。第三層的花瓣要和第二層相互交錯。

4.用奶油霜②和奶油霜③，在中央擠出略小的圓點。

粉紅公主花

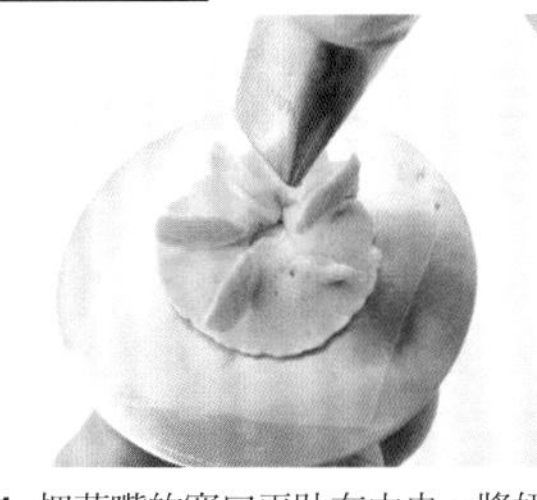

1.把花嘴的寬口平貼在中央，將奶油霜④擠成攤平的圓形，並且在等距的五處擠出標記（參考P.75平面花朵「銀蓮花」的步驟**1**、**2**）。

2.以標記為中心，擠出5片花瓣（參考P.75平面花朵「銀蓮花」的步驟**3**～**5**）。

3.做出五處標記，擠出5片花瓣，製作成第二層花瓣。讓上下花瓣相互交錯（參考P.75平面花朵「銀蓮花」的步驟**6**、**7**）。

4.用奶油霜③，在中央擠出6個圓點。

Decoration

① 在蛋糕中央的三個位置擠上些許奶油霜，用花剪裝飾上一品紅、粉紅公主花（參考P.16 POINT）。

② 用奶油霜⑤，在花和花之間擠出葉子（參考P.10 玫瑰A的步驟**3**）。

Column

01

本書介紹的花卉

本書有許多各季的花卉和葉子登場。在此為各位介紹花卉的特色和花語。
挑選要製作的花卉時，不妨加以參考。

Rose

玫瑰

深受克麗奧佩特拉喜愛的花。花語依顏色和形狀而有不同。

花語

（紅）熱情、（白）純潔、（黃）奉獻、（粉紅）可愛、（藍色）奇蹟。

Ranunculus

陸蓮花

以令人驚豔的色彩和多重層疊的花瓣為特色的花。

花語

深具魅力、開朗魅力、完美人格、名聲、名譽等。

Anemone

銀蓮花

在希臘神話中，據說是由女神阿芙羅黛蒂的眼淚所生成的。

花語

短暫的戀情、戀情的痛苦、渺茫的希望等。

Pansy

三色堇

傳說堇花原本是白色的，後來因為天使的親吻而變成了三色堇。

花語

思慕、想念我等。（紫）深慮、（黃）謙卑的幸福。

Freesia

小蒼蘭

在冬末春初期間盛開的花朵。各種色彩都有著不同的香氣。

花語

純潔、親愛之情等。（白）天真無邪、（黃）單純。

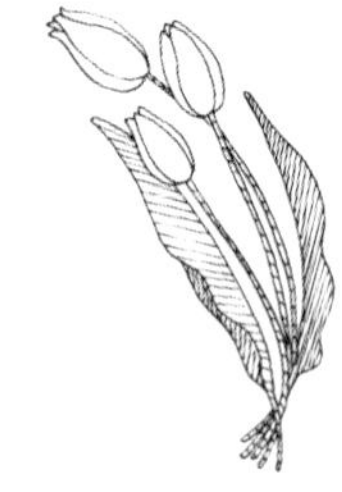

Tulip

鬱金香

光是原生種就超過100種，色彩和形狀也各有不同。

花語

（紅）戀情的告白、（粉紅）愛情萌芽、（紫）永恆的愛、（白）新的戀情等。

Dahlia

大麗菊

法國革命時盛行的花，以慰勞的「感謝」之意廣為流傳。

花語

華麗、優雅、威嚴、見異思遷、不穩定、感謝等。

Camellia

山茶花

自平安時代就經常被拿來製成保養品，是深植日本文化的花朵。

花語

（紅）隱約的優美、（白）完全的憐愛、（粉紅）謹慎的美、愛等。

Peony

芍藥

日本漢字寫作芍藥。「立為芍藥，坐如牡丹，行猶百合」這句話相當有名。

花語

害羞、靦腆、謙遜等。

Scabiosa

松蟲草

在西方國家，綠色的松蟲草被視為贈送給未亡人的花。

花語

不幸的愛、我已經失去所有等。

Hydrangea

繡球花

顏色會依土壤的酸性程度改變，酸性越強，顏色越偏綠；鹼性越強，顏色越偏粉紅。

花語

開朗的女性、一家和樂、堅忍的愛情、見異思遷、傲慢、無情等。

Phalaenopsis orchid

蝴蝶蘭

因為有著宛如蝴蝶飛舞般的姿態，而有了這樣的名稱。是用於祝賀的花卉代表。

花語

突如其來的幸運、純粹的愛等。（白）清純、（粉紅）深愛著你。

Chapter.2

多肉植物的杯子蛋糕

多肉植物和仙人掌的盆栽，

總讓人情不自禁想拿來當成裝飾品。

只要善用可可粒或蛋糕屑，

就可以達到幾可亂真的效果。

多肉植物盆栽

把石蓮花、景天、十二卷屬等
多肉植物製作成盆栽。
幾可亂真的視覺感受，
肯定能夠贏得掌聲。

Recipe — P. 40 - 41

石蓮花	景天	使用的花嘴和奶油霜	材料

①#102
(玫瑰花嘴)
苔綠色

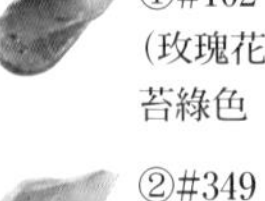
②#349
(葉形花嘴)
煙燻粉紅&
苔綠色

③#29
(星形花嘴)
綠色

④#29
(星形花嘴)
深紅色

材料：
- 杯子蛋糕
- 奶油霜
- 可可粒

石蓮花

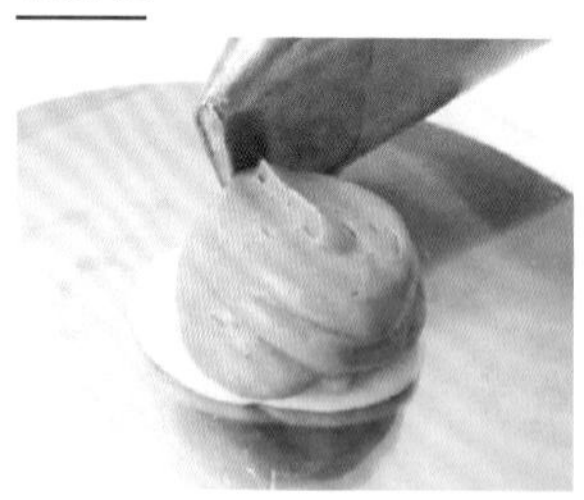

1.垂直拿著奶油霜①，在花釘中央擠出環狀的芯。花嘴的窄口要朝下(寬口朝上)。

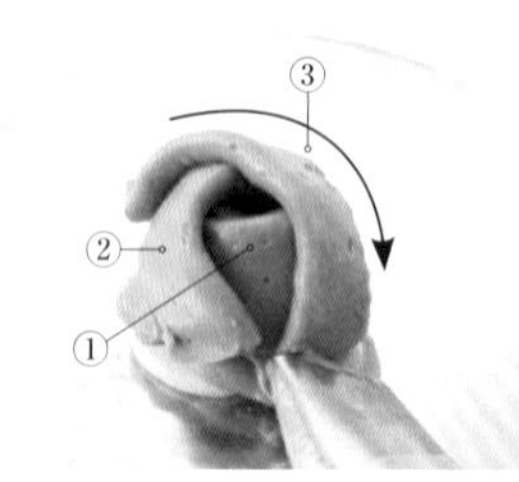

2.用3片葉子把芯包起來。如畫圓弧般，由後往前擠出。

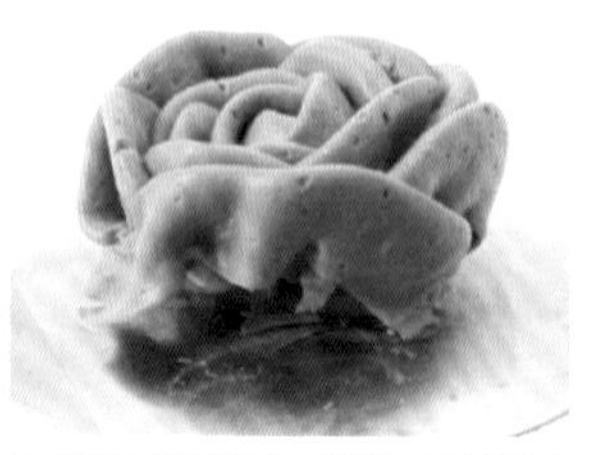

3.用5片葉子圍成一圈後，再擠第二圈。花嘴垂直平貼，像是讓葉子立起般，用畫半圓的方式，由後往前擠出。越往外側，角度就要略微浮起，藉此製作出立體感。

景天

1.拿著奶油霜②，將花嘴斜靠，輕輕推壓擠出，再鬆手往後拉。

2.形似放射狀的排列，把5片葉子擠成一圈。內側同樣也要擠上3片葉子。為了讓內側的葉子直立，只要稍微改變角度，就可以更顯立體感。

Decoration

① 在蛋糕表面抹上奶油霜，並於上撒滿可可粒(參考P.41 Decoration①)。

② 在蛋糕的略後方擠上些許奶油霜，用花剪裝飾上石蓮花(參考P.16 POINT)。

③ 把景天擠在蛋糕的前側。

④ 空白部分就用奶油霜③補上迷你多肉植物，再用奶油霜④擠上一些小花。

POINT

雙色奶油霜的製作方法

把各個顏色分別放進不同的擠花袋裡面，把前端剪開。接著，把兩個顏色交疊放進裝了花嘴的擠花袋裡(上圖)。同時將擠花袋中的兩個顏色，一口氣用力推擠出來(下圖)。剛開始的時候，可能會出現無法同時擠出兩個顏色的情況。請試著擠出正確的顏色後，再擠到蛋糕上面吧！

十二卷屬	迷你仙人掌	使用的花嘴和奶油霜	材料

①#102
(玫瑰花嘴)
苔綠色

②#29
(星形花嘴)
綠色

③擠花袋
白色

④#349
(葉形花嘴)
棕色&
苔綠色

⑤#29
(星形花嘴)
深紅色

材料

杯子蛋糕

奶油霜

可可粒

十二卷屬

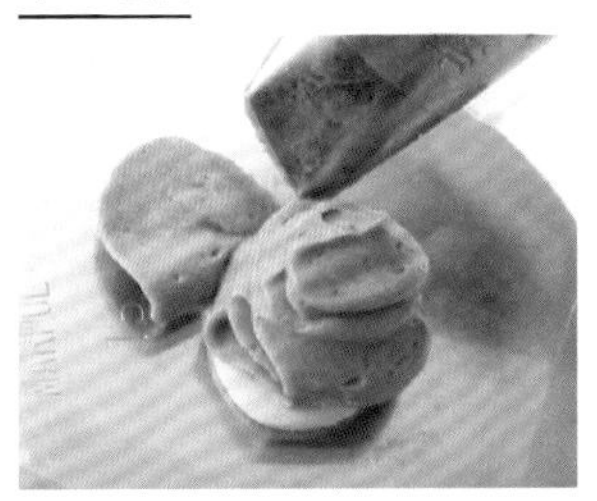

1.垂直拿著奶油霜①，在花釘中央擠出環狀的芯。讓花嘴的寬口朝下，傾斜45度，擠出葉子（參考P.74五片花瓣的步驟**1**～**3**）。

2.第二片以後，從上一片葉子的下方開始擠出，方法就和步驟**1**相同。外觀猶如斜度較平緩的旋轉樓梯，慢慢擠出，讓葉子呈現挺立。

3.第一層的最後一片葉子，就是第二層的第一片葉子。要和第一片葉子稍微重疊。讓上下的葉子呈現交錯重疊。

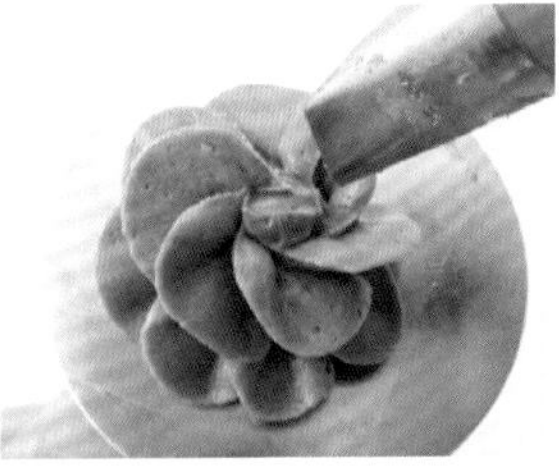

4.反覆擠出葉子，直到完全蓋住芯的前端。角度要隨著越往上方而逐漸改變，讓中央呈現垂直。

迷你仙人掌

1.垂直拿著奶油霜②，往正上方拉，切斷奶油霜。

2.試著改變長度或方向，利用與步驟**1**相同的方法，擠出5株迷你仙人掌。

3.用奶油霜③，分別在前端擠出圓點。

Decoration

① 在蛋糕表面抹上奶油霜（左圖），並撒滿可可粒（右圖）。

② 在蛋糕的略後方擠上些許奶油霜，用花剪裝飾上十二卷屬（參考P.16 POINT）。

③ 把迷你仙人掌裝飾在十二卷屬附近。

④ 空白部分就用奶油霜④補上景天（參考P.40），再用奶油霜⑤擠上小花。

B

仙人掌盆栽

翠綠的仙人掌
用單一色彩來增添可愛度。
加上花或刺，
享受個人的創意巧思。

Recipe — 仙人掌 A P.44
仙人掌 B P.45

A

仙人掌 A

使用的花嘴和奶油霜

①#29（星形花嘴）
綠色

②#29（星形花嘴）
深紅色

材料

杯子蛋糕

奶油霜

多餘的海綿蛋糕

果醬

1.用手把多餘的海綿蛋糕掐碎，製作成蛋糕屑。

2.把奶油霜抹在杯子蛋糕的表面，直接倒蓋在蛋糕屑上面，讓蛋糕屑附著在上面。

3.輕輕拍打表面，讓多餘的蛋糕屑掉落。

4.把適量的果醬放進剩餘的海綿蛋糕裡面，充分混合，直到呈現膏狀。

5.放進擠花袋裡面，把擠花袋的前端剪開。

6.垂直拿著擠花袋，在花釘的中央擠出基座。推壓擠出，最後往上拉。

7.用花剪把基座移到杯子蛋糕的正中央。

8.從中央筆直插進牙籤，把基座固定在蛋糕上。

9.擠一點奶油霜①在基座上面，用刮板塗滿整個基座（參考P.45的步驟2）。基座塗抹完成後，從下往頂端擠出奶油霜。

10.讓每一條奶油霜緊密貼合，避免有半點縫隙。擠滿一圈後，把步驟8的牙籤拔出來。

11.用奶油霜②在上方擠出一圈小花，把頂端包圍起來。

仙人掌 B

使用的花嘴和奶油霜

①#349
（葉形花嘴）
綠色

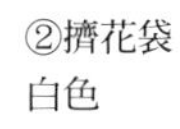
②擠花袋
白色

③#29
（星形花嘴）
深紅色

④#3
（圓形花嘴）
黃綠色

材 料

杯子蛋糕

奶油霜

多餘的海綿蛋糕

果醬

1.製作膏狀的基座，放在蛋糕的略後側（參考P.44的步驟**4～7**）。從基座的正中央筆直插入牙籤，把基座固定在蛋糕上。

2.擠一點奶油霜①在基座上面，用刮板塗滿整個基座，包覆基座。

3.斜握花嘴，從下方往上擠出奶油霜。

4.讓每一條奶油霜緊密貼合，避免有半點縫隙。擠滿一圈後，把步驟**1**的牙籤拔出來。

5.用奶油霜②在擠出的線條上端擠出圓點。每次隔一條線條，就這樣反覆擠出圓點，繞行一圈。

6.用奶油霜③在頂端擠出花朵。

7.決定蛋糕的正面，用奶油霜④在空白的部位擠出環狀的芯。

8.擠上許多圓點，把芯包起來。

Decoration

① 在蛋糕表面抹上奶油霜，讓蛋糕屑布滿表面（參考P.44的步驟**1～3**）。

② 在蛋糕的略後方製作較高的仙人掌。

③ 在蛋糕的外側製作4～5株高度較低的仙人掌。

④ 用奶油霜③在空白處擠出小花。

Column

02

包裝贈送

想把做好的花卉蛋糕送給珍愛的人……。
這個時候，就用特別的包裝來傳達自己的心意。

紙盒

「打開後的喜悅」
是驚喜的基本要素

準備裝蛋糕的紙盒，把包裝紙絲鋪在紙盒底部。重點是利用包裝紙絲包圍蛋糕，避免蛋糕因晃動而傾倒。最後，用緞帶為紙盒加上裝飾。

透明盒

可看到裡面的透明盒
本身就是禮物的一部分

準備透明盒，在盒子底部鋪滿包裝紙絲。和紙盒包裝一樣，用緞帶加以裝飾。如果讓緞帶穿過留言卡，就能讓包裝更別具風味。

瓶

想更加別緻，就選擇
可清洗再利用的瓶子吧！

準備尺寸適當的瓶子，把蛋糕放在蓋子上面。從上方蓋上瓶身，把瓶蓋鎖緊，再用緞帶加以裝飾即可。演繹出迷你生態瓶的氛圍。

Chapter. **3**

季節性的花卉蛋糕

若想以造型蛋糕點綴特別的日子，

就使用大量的花朵來加以裝飾。

利用季節的元素或是

收禮者所喜愛的花卉，

傳遞當天的心情。

— *Spring* —

英國玫瑰

細嫩重疊的花瓣

是英國玫瑰的特色。

只要搭配小巧的花蕾，

就能感受到春天的氣息。

Recipe — P.49

英國玫瑰

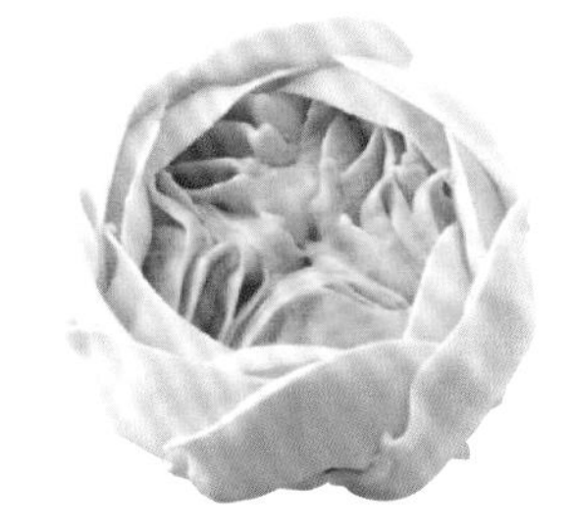

使用的花嘴和奶油霜

①#104(玫瑰花嘴)
粉紅色

③#349(葉形花嘴)
黃綠色

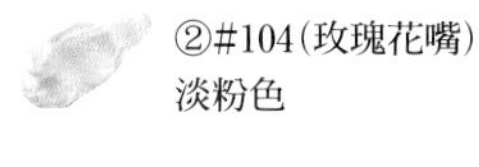
②#104(玫瑰花嘴)
淡粉色

材料

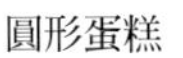

圓形蛋糕
（直徑15cm圓形）

多餘的蛋糕
（直徑10cm×高1cm）

奶油霜

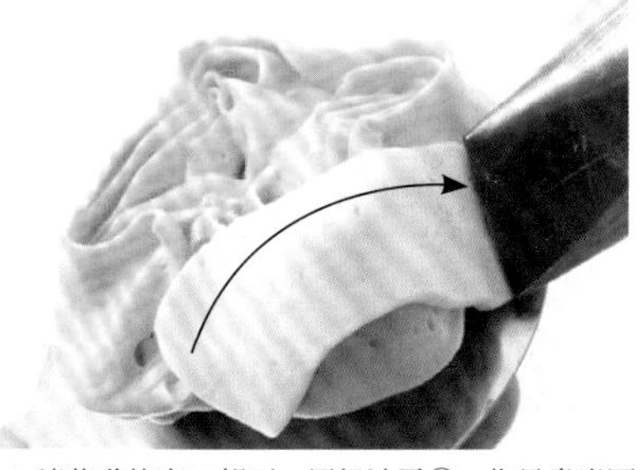

1.垂直拿著奶油霜①，在花釘中央擠出略短的花蕊。推壓擠出，再往上拉。

2.讓花嘴的寬口朝下，沿著花蕊描繪「X」的形狀，一邊讓花瓣挺立，一邊一口氣擠出。

3.利用和步驟**2**相同的做法，擠出四圈。

4.讓花嘴的寬口朝下，用奶油霜②，像是畫半圓般把角包覆起來。

5.第二片開始，要和上一片花瓣稍微重疊。利用與步驟**4**相同的方式，用6～8片花瓣圍成一圈，一共擠出兩圈。只要整體調整成圓形就完成了。

Decoration

使用的花卉

- 英國玫瑰
  …2朵
- 玫瑰
  …數朵，不同的大小、顏色
  （→參考P.10、11、75）
- 石頭花
  …數朵（→參考P.23）

① 把多餘的蛋糕放在中央，讓蛋糕具有一定高度後，用奶油霜（白色）抹面。

② 決定蛋糕的正面後，裝飾上英國玫瑰。製作這種尺寸的蛋糕時，要盡量避免正中央的位置，比較能夠凸顯出存在感，整體的比例也比較容易取得平衡。

③ 玫瑰從尺寸較大的部分開始裝飾。就像是從中央往外盛開那樣，一邊調整玫瑰的方向。裝飾的時候，也要注意高低落差。

④ 在花和花之間的縫隙擠上石頭花。

⑤ 外圈的縫隙就用奶油霜③擠上葉子（參考P.10 玫瑰A的步驟**3**）。把奶油霜（白色）放進擠花袋，擠出花蕾。

— Spring —

藍星花和
聖誕玫瑰

五片花瓣宛如藍星，

因而有了藍星花之名。

藉由讓人聯想到森林花田的設計，

演繹出華麗的春天。

Recipe — P.51

藍星花

聖誕玫瑰

使用的花嘴和奶油霜

①#101(玫瑰花嘴)
天空藍

②#104(玫瑰花嘴)
白色

③擠花袋
檸檬黃

材 料

圓形蛋糕
(直徑15cm圓形)

奶油霜

藍星花

1.把花嘴的寬口平貼在中央，用奶油霜①畫圓，在等距的五個位置加上標記(參考P.74 五片花瓣的步驟1、2)

2.花嘴傾斜45度左右，以步驟1的標記為中心，像是描繪倒水滴形，朝上下挪動擠出花瓣。擠的時候，只要讓花釘朝花嘴的反方向慢慢轉動，就會比較容易擠出。

3.第二片之後，要從上一片花瓣的下方開始擠出，讓花瓣呈現稍微立起的樣子。

4.只要擠出5片花瓣就完成了。就算沒有在步驟1的底座上面製作也沒關係(右圖)。因為尺寸略小，所以建議拿來作為盤飾。

聖誕玫瑰

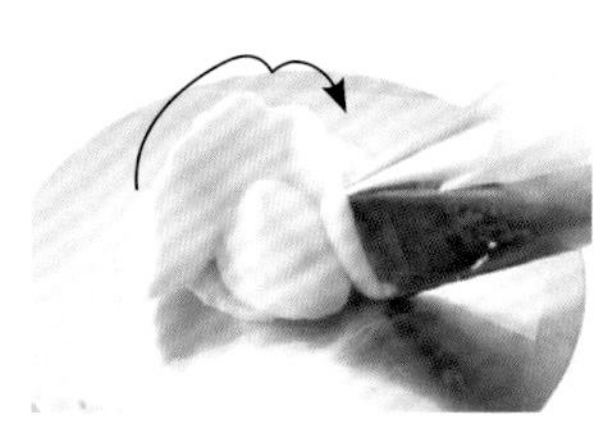

1.垂直拿著奶油霜②，在花釘中央擠出略短的花蕊。讓花嘴的寬口朝下，宛如讓花瓣立起般，由後往前畫出兩個山形。

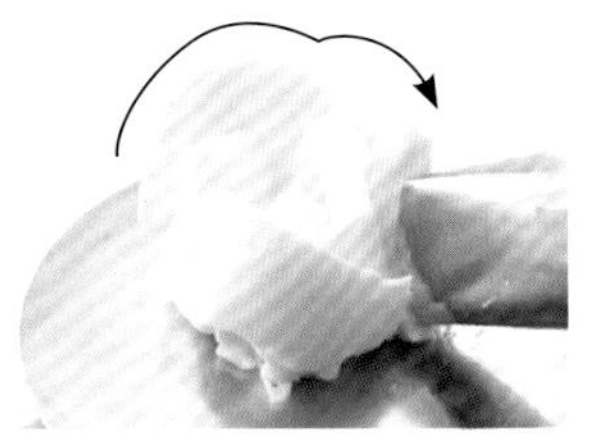

2.第二片之後，就以上一片花瓣的一半位置作為起點。利用和步驟1相同的方式，擠出2片花瓣後，花蕾就完成了。再以相同方式，擠出4片花瓣繞成一圈。

3.外圈要讓花嘴稍微向外側傾斜，利用與步驟1、2相同的方式，擠出3片花瓣。描繪的兩個山型要比內側的花瓣更大。

4.利用奶油霜③，在中央擠出大量的圓點。

Decoration

使用的花卉

- 藍星花
  …數朵
- 聖誕玫瑰
  …1朵
- 鬱金香
  …不同顏色6朵(參考P.23)
- 芍藥
  …大小各1朵(參考P.31)
- 石頭花
  …數朵

① 蛋糕用奶油霜(白色)抹面。決定蛋糕的正面和外圈的留白部分，用奶油霜③畫出參考用的圓形。

② 像花束般，從中央往外，依序裝飾上芍藥、聖誕玫瑰、鬱金香。

③ 在花和花之間的縫隙擠上石頭花。盤子上面也要擠出一圈石頭花，把蛋糕包圍起來。

④ 隨機佈置上藍星花，營造出生動且華麗的氛圍。

— Summer —

繡球花

像是可以聽到寧靜雨聲般的

典雅花卉蛋糕。

鮮豔的繡球花和

白色的陸蓮花，

營造出豐潤的成熟格調。

Recipe — P.53

繡球花

使用的花嘴和奶油霜

①#102(玫瑰花嘴)
紫色

③#352(葉形花嘴)
黃綠色

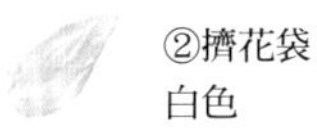
②擠花袋
白色

材料

圓形蛋糕
(直徑15cm圓形)

奶油霜

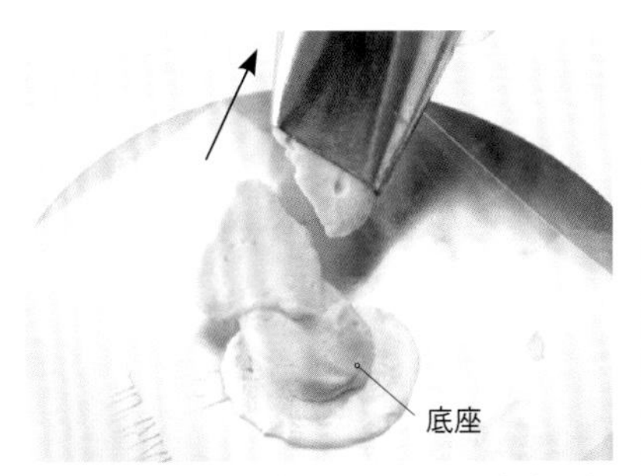

1.擠出些許奶油霜①，製作出平坦的底座。讓花嘴的寬口平貼中央，直接往旁邊橫拉般的擠出。

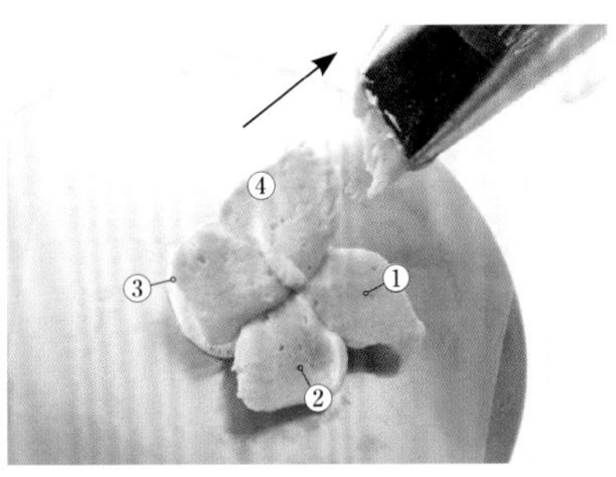

2.作成如風車般的形狀，以相同方式擠出其他3片。以4片為一組的方式完成花朵。

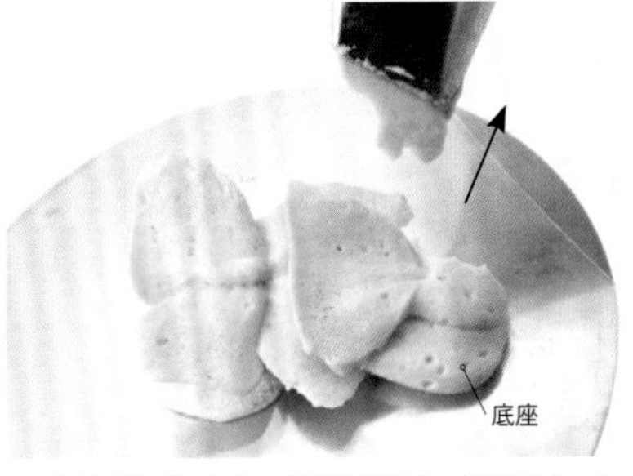

3.以步驟2為中心，邊視協調感，邊擠出4～5朵小花。利用和步驟1、2相同方式擠出。當花朵有重疊時，就稍微提高擠出角度讓花瓣挺立。

4.第一層完成後，進行第二層。在第一層的花瓣上面擠出底座，擠的時候要注意讓上下的小花看起來相互交錯。

5.利用與步驟1、2相同的方式擠出花瓣。擠出3～4朵小花，讓中央呈現隆起的樣子。

6.用奶油霜②，在小花的中央擠出圓點。

Decoration

使用的花卉

- 繡球花…不同顏色4朵
- 陸蓮花
  …花3朵、花蕾5朵
  (參考P.13)

① 蛋糕用奶油霜（白色）抹面。決定蛋糕的正面，用奶油霜②在半徑的一半位置畫出圓形。

② 沿著圓形，決定繡球花的位置。如果是偏向圓形的內側，就讓花朝向內側；如果是偏向外側，就讓花朝向外側。

③ 用相同的方式裝飾上陸蓮花。讓陸蓮花和繡球花呈現高低差，就可以更顯立體。

④ 在感覺有點空的部位，放上陸蓮花的花蕾。中央留空。

⑤ 在花和花之間的縫隙，以奶油霜③擠出葉子。（參考P.10 玫瑰A的步驟3）

— Summer —

雞蛋花

在夏威夷常被用來做成花環的雞蛋花，

是熱帶花卉的代名詞。

利用天空藍的底座和

粉紅與黃色的花朵，

來表現熱情且鮮豔的夏天。

Recipe — P.55

雞蛋花

使用的花嘴和奶油霜

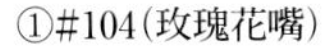

①#104(玫瑰花嘴)

白色&檸檬黃
⇒參照步驟1

②#349(葉形花嘴)
綠色

材料

圓形蛋糕
(直徑15cm圓形)

奶油霜

1.製作漸層奶油霜(參考P.73)。把檸檬黃奶油霜放進擠花袋，分量約占擠花袋的五分之一左右，然後剩餘部分裝進白色的奶油霜。

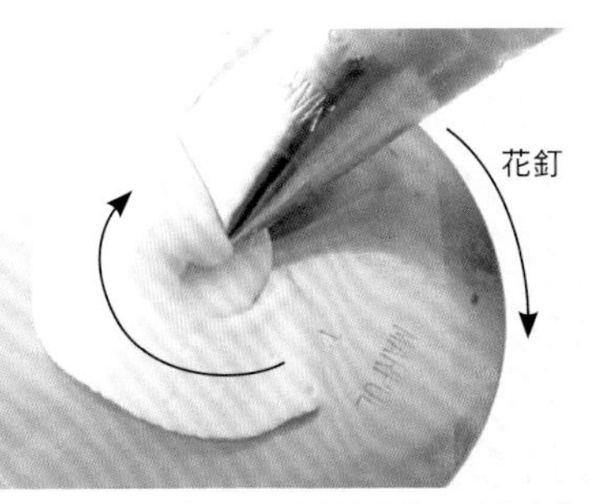

2.調整花嘴的方向，讓檸檬黃的奶油霜落在花嘴的寬口部分。把花嘴平貼在花釘中央，讓擠花袋平躺般擠出一圈圓形。

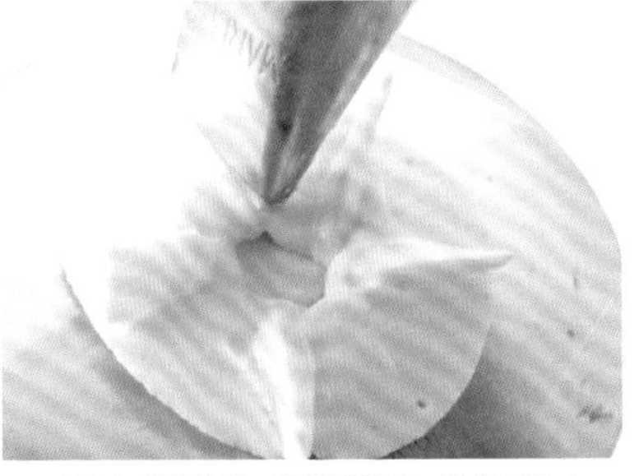

3.垂直拿著擠花袋，讓花嘴的寬口貼靠著中央，在等距的五個位置擠出奶油霜，做出標記。

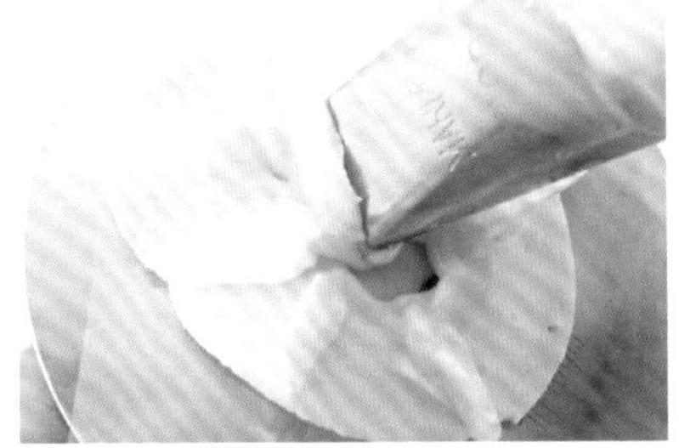

4.花嘴傾斜45度，以標記為中心，像是畫出倒水滴形，朝上下挪動擠出花瓣。擠的時候，只要讓花釘朝花嘴的反方向慢慢轉動，就會比較容易擠出。

5.第二片之後，就從上一片花瓣的下面開始擠出，讓花瓣稍微呈現挺立。

6.只要擠出5片花瓣就完成了。裝飾在蛋糕側面的雞蛋花要用#103的花嘴製作(右圖)。

Decoration

使用的花卉

- 白色雞蛋花
  …大4朵、小2朵
- 粉紅雞蛋花
  …大4朵、小1朵

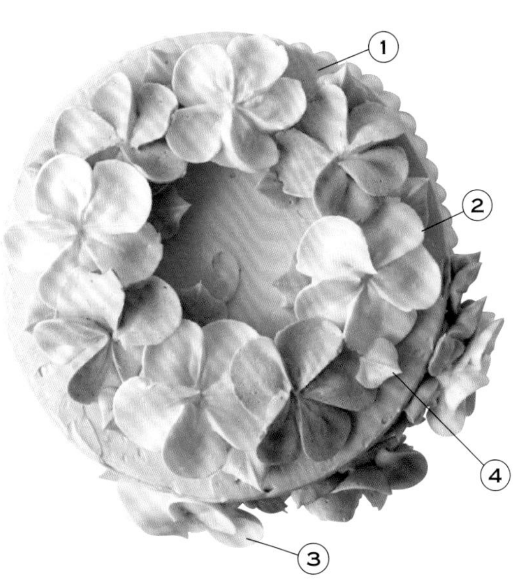

1. 蛋糕用奶油霜(天空藍)抹面。決定蛋糕的正面。
2. 排列尺寸較大的雞蛋花，讓白色和粉紅色相互交錯排成一圈。讓花和花相互重疊，做出花環般的感覺。
3. 尺寸較小的雞蛋花，就視整體協調感佈置在蛋糕側面。
4. 用奶油霜②在花的周圍擠出1～2片葉子(參考P.10 玫瑰A的步驟3)。

— Autumn —

大波斯菊和紫羅蘭

在希臘語中，有著「美麗」之意的花朵。

在日本則寫成「秋櫻」，

是代表秋天花朵的代名詞。

底部用巧克力打底，

更添秋天的灑脫氣息。

Recipe — P.57

大波斯菊	紫羅蘭

使用的花嘴和奶油霜

①#102（玫瑰花嘴）
珊瑚紅

②擠花袋
檸檬黃

③#101（玫瑰花嘴）
白色

材料

圓形蛋糕
（直徑15cm圓形）

奶油霜

巧克力霜

大波斯菊

1.奶油霜①以平躺的方式握著，把花嘴的寬口部分平貼在中央，擠出一圈。垂直拿著擠花袋，在等距的八個位置擠出奶油霜，做出標記。

2.以步驟**1**的標記為中心，宛如畫出倒水滴形，朝上下挪動擠出花瓣。擠的時候，只要讓花釘朝花嘴的反方向慢慢轉動，就會比較容易擠出。

3.第二片以後，從上一片花瓣的下方開始擠出，讓花瓣呈現稍微挺立。一共要擠8片花瓣。

4.用奶油霜②在中央擠出大量的圓點。

紫羅蘭

1.奶油霜③以平躺的方式握著，把花嘴的寬口部分平貼在中央，擠出一圈。垂直拿著擠花袋，在等距的五個位置擠出奶油霜，做出標記。

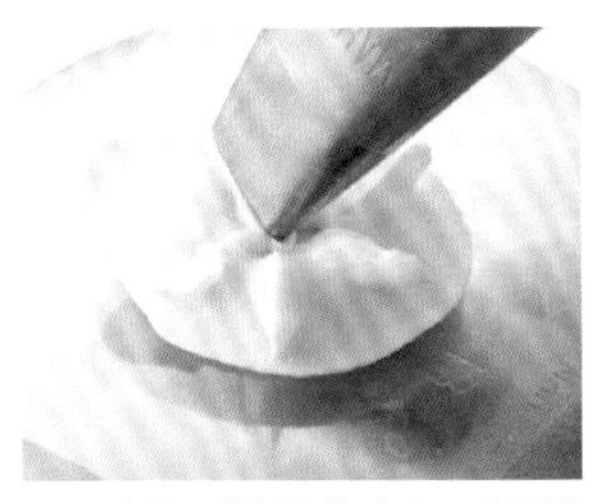
2.以步驟**1**的標記為中心，分別擠出花瓣（參考大波斯菊的步驟**2**、**3**）。

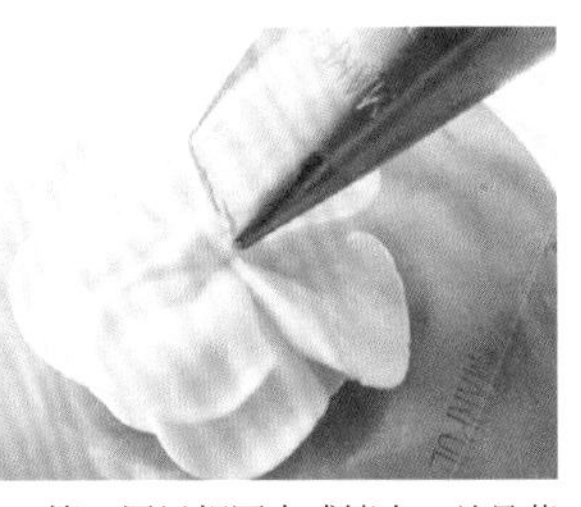
3.第二層以相同方式擠出，並且花瓣要和第一層的花瓣相互交錯。

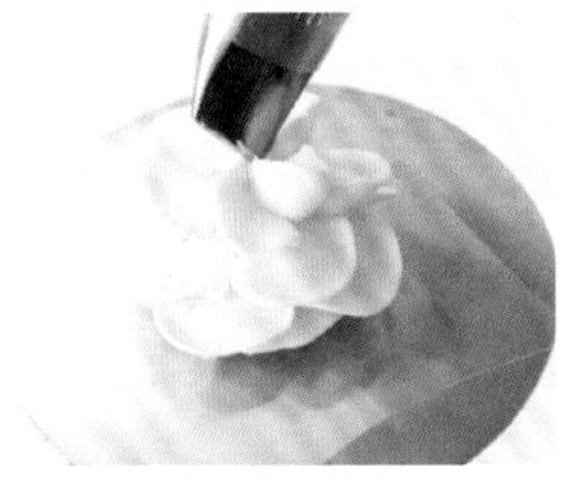
4.第三層要把花嘴抬起，讓花瓣呈現挺立狀，擠出4片。

Decoration

使用的花卉

- 大波斯菊…不同顏色3朵
- 紫羅蘭…數朵
- 大麗菊…3朵（→參考P.25）

① 蛋糕用巧克力霜抹面。決定蛋糕的正面，用擠花袋擠出一條直線。

② 以直線為標準，決定好大麗菊和紫羅蘭的位置。這個時候，不需要對稱，讓擺放方式增添一些變化，是裝飾的重點。

③ 感覺比較空虛的部分就用大波斯菊裝飾。

④ 在蛋糕的側面，等距裝飾上紫羅蘭。

— *Autumn* —

洋桔梗

顏色令人印象深刻的洋桔梗，

給人帶來驚奇感。

搭配小蒼蘭和歐丁香這類

鮮豔度較低的典雅色調，

製作出雅緻的花卉蛋糕。

Recipe — P.59

洋桔梗

使用的花嘴和奶油霜

①不用花嘴
(把擠花袋的前端筆直剪開)
白色

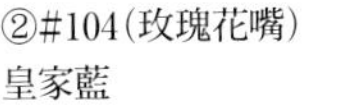
②#104(玫瑰花嘴)
皇家藍

③擠花袋
綠色

④擠花袋
檸檬黃

⑤擠花袋
黃綠色

⑥#352(葉形花嘴)
黃綠色

⑦擠花袋
白色

材料

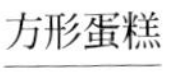

方形蛋糕

(直徑15cm方形)

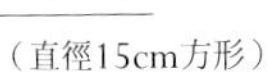

奶油霜

1.垂直拿著奶油霜①,在花釘的中央擠出花蕊。推壓擠出,最後往上拉。

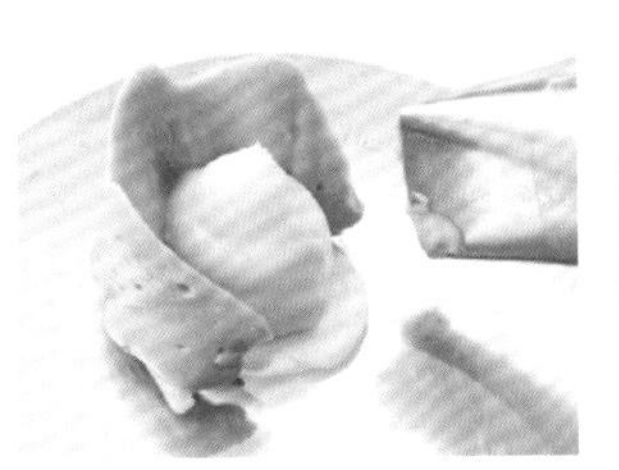

2.用3片花瓣包圍花蕊。讓花嘴的寬口朝下,用奶油霜②擠出花瓣。由後往前畫出三個山形,讓花瓣呈現挺立。

3.第二片以後,以上一片花瓣的一半位置為起點。利用和步驟**2**相同的方式,擠出2片花瓣後,花蕾就完成了。

4.利用與步驟**2**、**3**相同的方式,用3片花瓣包圍花蕾。畫出略大的三個山形。

5.小尺寸的花朵完成(→跳至步驟**7**、**8**)。

6.外圈要讓花嘴稍微向外側傾斜,利用與步驟**2**、**3**相同的方式,擠出3片花瓣。畫出的三個山形要比之前的更大。

7.用奶油霜③在中央擠出大量的圓點。

8.最後用奶油霜④在圓點上面進一步擠出圓點。

Decoration

使用的花卉

- 洋桔梗…大小各2朵(2色)
- 玫瑰…6朵(→參考P.75)
- 小蒼蘭…4朵(→參考P.21)
- 歐丁香…數朵(→參考P.16)

① 蛋糕用奶油霜(白色)抹面。決定蛋糕的正面,用奶油霜⑤在略外側的位置擠出3條常春藤,圍成正方形。

② 把洋桔梗裝飾在對角。這個時候,不需要對稱,利用大小、顏色和數量等做出變化,就是裝飾的重點。

③ 以相同方式,把玫瑰裝飾在對角。裝飾在常春藤外側時,花朵也要朝外擺設。

④ 洋桔梗周圍比較空曠的部分,就用小蒼蘭增添裝飾。

⑤ 歐丁香裝飾在常春藤的外側,或是佈置在線條上面。

⑥ 花和花之間的縫隙,就用奶油霜⑥擠出葉子(參考P.10 玫瑰A的步驟**3**),最後再用奶油霜⑦擠出花蕾(圓點)。

— *Winter* —

松果和棉花

讓人感受到聖誕木柴蛋糕般

冬季氣氛的花卉蛋糕。

用大朵的棉花來表現

冬季的氛圍。

Recipe — P.61

松果

棉花

使用的花嘴和奶油霜

①#101(玫瑰花嘴)
棕色

②#8(孝義圓花嘴)
白色

③#349(葉形花嘴)
棕色

材 料

圓形蛋糕
(直徑15cm圓形)

奶油霜

咖啡奶油霜

松果

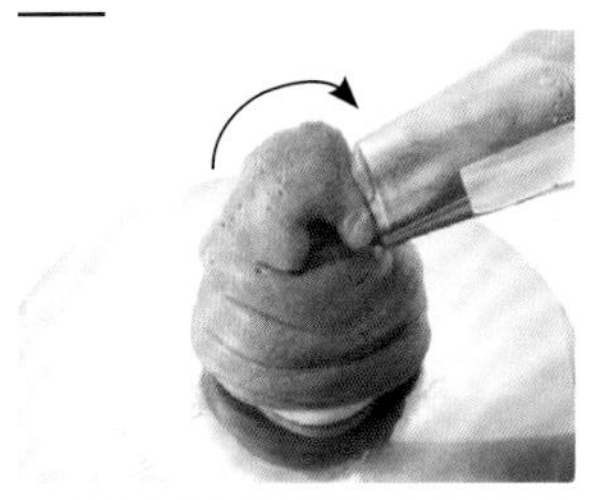

1.垂直拿著奶油霜①，在花釘的中央擠出略大的花蕊。推壓擠出，最後往上拉。花嘴的寬口朝下，像畫半圓般由後往前擠出。

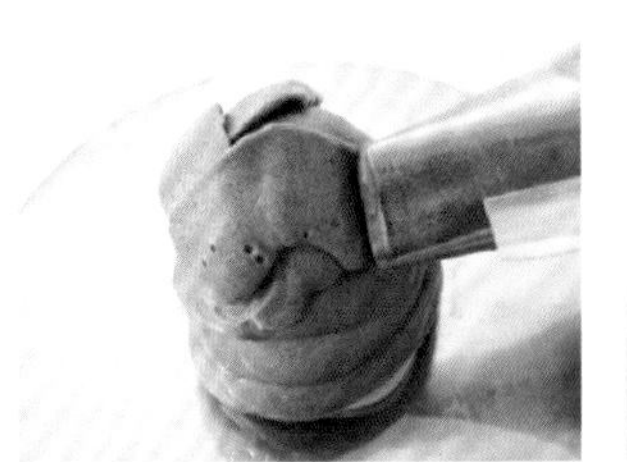

2.宛如從上方包圍花蕊般，第二片之後，就以上一片花瓣的一半位置為起點，重疊擠出。利用與步驟1相同的方式擠完3片後，第一層就完成了。

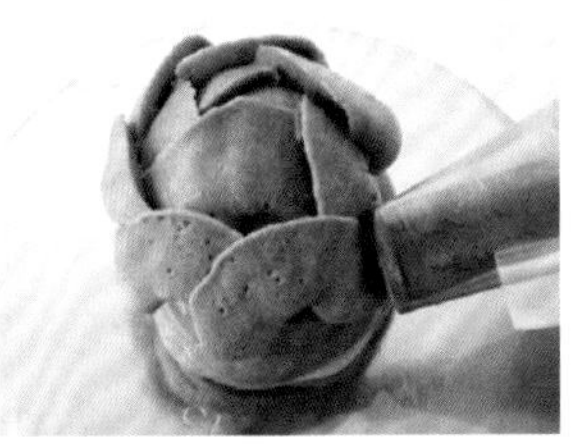

3.第二層就稍微往下移動，利用與步驟1、2相同的方式，用7片包圍成一圈。

4.重複相同的步驟，擠到最底下，就完成了。

棉花

1.垂直拿著奶油霜②，擠出5個圓球。轉動花嘴的前端，往下壓。

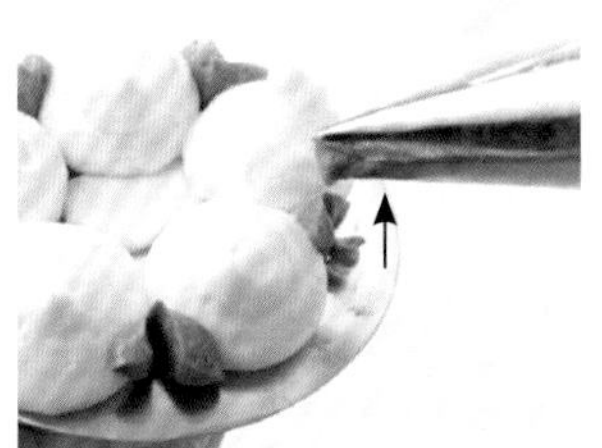

2.把奶油霜③插進縫隙之間，擠出後，垂直往上抬起，切斷奶油霜。

3.外側擠完後，內側也要利用與步驟2相同的方式擠出。

Decoration

使用的花卉

- 松果…2顆
- 棉花…2朵
- 玫瑰…6朵(→參考P.75)
- 粉紅公主花…3朵(→參考P.35)
- 繡球花(柊風)
…數朵(參考P.53)

① 蛋糕用咖啡奶油霜抹面。決定蛋糕的正面，用擠花袋描繪出彎月狀的拋物線。

② 沿著拋物線，決定松果和棉花的位置。如果偏內側，花就朝向內側；如果偏向外側，花就朝向外側。

③ 以相同方式，把玫瑰和繡球花(柊風)裝飾在空白處。排列時需注意的是，越往兩側越細，中央的部分則要粗且高高隆起。

④ 花和花之間的縫隙，就裝飾上葉子和花蕾。

— *Winter* —

蝴蝶蘭

放上較大的蝴蝶蘭，

製成帶來好預兆的花卉蛋糕。

紅、白、黃的鮮艷顏色和

日式摩登的設計，

充滿美麗且喜慶的氛圍。

Recipe — P.63

蝴蝶蘭

較大的葉子

使用的花嘴和奶油霜

①#104（玫瑰花嘴）
白色

②#81（葉形花嘴）
白色

③擠花袋
檸檬黃

④#104（玫瑰花嘴）
綠色

材 料

圓形蛋糕
（直徑15cm圓形）

奶油霜

蝴蝶蘭

1.平握著奶油霜①，讓花嘴的寬口平貼在中央，擠出一圈圓形。接著，改成垂直握著，擠出像「Y」字的標記。

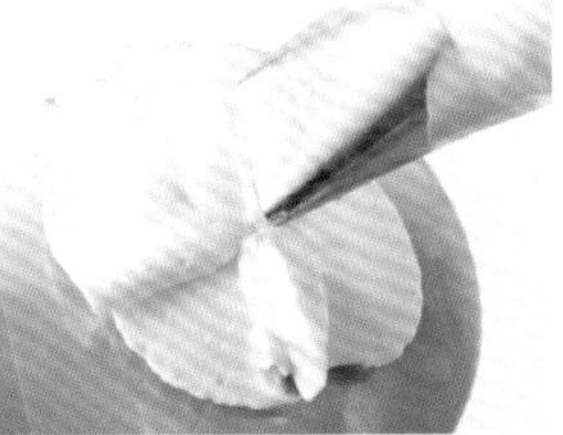

2.花嘴傾斜45度，以標記為中心，像是畫出倒水滴形，朝上下挪動擠出花瓣。擠的時候，只要讓花釘朝花嘴的反方向慢慢轉動，就會比較容易擠出。一共擠出3片。

3.第二層擠2片花瓣，讓上下花瓣相互交錯。在花瓣的上面加上2個標記，利用與步驟2一樣的方式擠出。

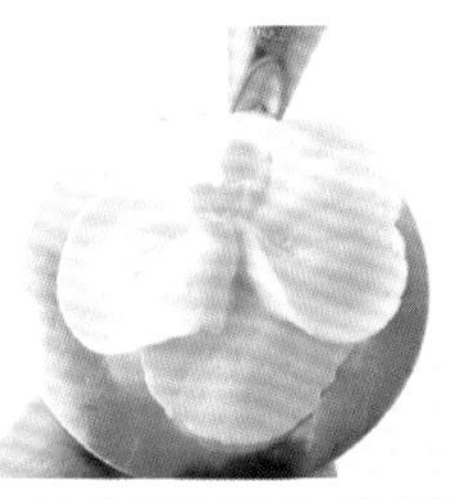

4.中央改用奶油霜②，讓花嘴凹陷處朝內，垂直擠出。中央用奶油霜③分別擠出1個橢圓和正圓，就完成了。

較大的葉子

1.讓花嘴的寬口朝下，用奶油霜④在中央擠出線條。

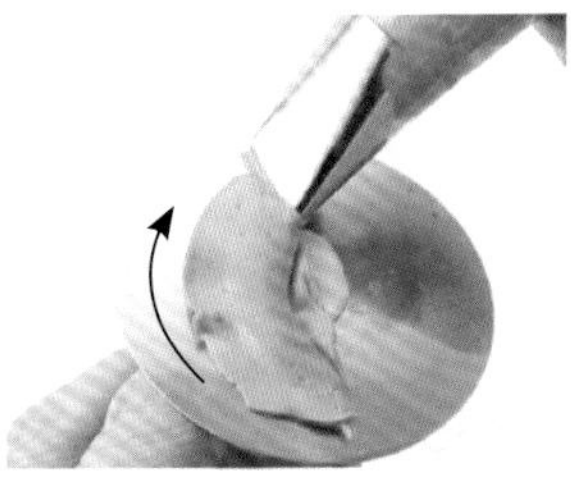

2.以該線條為軸，由下往上畫出弧形。

3.反方向則從上往下畫出弧形。

Decoration

使用的花卉

- 蝴蝶蘭…1朵
- 山茶花…不同顏色，4大朵、3小朵 （→參考P.29）
- 菊花…不同顏色5朵 （→參考P.28）
- 較大的葉子…8片

① 蛋糕用奶油霜（白色）抹面。決定蛋糕的正面，用擠花袋在蛋糕的一半位置描繪出半月形的拋物線。

② 沿著拋物線，一邊視整體協調感，一邊將山茶花由大至小依序裝飾上去。

③ 在山茶花之間的縫隙裝飾上葉子，並且在葉子上面擠出花蕾。

④ 在山茶花的對側，大膽裝飾上菊花。藉由刻意的留白，營造出雅緻的印象。

⑤ 最後在菊花上裝飾蝴蝶蘭。

Column

03

擺盤裝飾

希望把花卉蛋糕當成宴客點心時，
就進一步裝飾擺盤，增添特別的感覺吧！

老套卻令人開心的巧克力筆傳訊

使用巧克力筆來表現想要傳達的心意。除了「Happy Birthday」、「Thank you」或「I love you」之類的留言之外，也可以加上愛心或星星等簡單的插圖。

只要有模型紙就能簡單製作插畫

把喜歡的造型紙放在盤子上面，再撒上可可粉，就可以製作出簡單的插畫。可以使用市售的模型紙，也可以自行製作。就使用與蛋糕或賓客有關的插畫吧！

用個人喜歡的佐醬畫龍點睛

如果有酸甜口味的佐醬，奶油蛋糕就會變得更加清爽。只要用圓點、線條、花紋等方式，就可以增添鮮豔色彩，同時也能更添美味。

Chapter. 4

花卉蛋糕的基礎

本章將介紹

製作花卉蛋糕的基本知識。

看起來很困難的擠花技巧，

只要掌握訣竅，就會變得得心應手。

試著挑戰各種不同的形狀吧！

預先準備的道具和材料

介紹製作美麗且美味的花卉蛋糕前，應該預先準備的道具。
基本上和製作一般蛋糕所使用的道具沒什麼差異。
確實做好準備，學習最基本的知識吧！

1 鋼盆
製作奶油或蛋糕時使用。建議盡量選擇大且深的款式。

2 蛋糕旋轉盤
一邊旋轉底座，一邊進行蛋糕抹面用的道具。

3 廚房紙巾
擦乾清洗過的道具，或是去除作業台髒污時使用。

4 手持攪拌器／10 打蛋器
混合材料或打泡的時候使用。

5 立式攪拌機
製作大量奶油霜時使用。因為是全自動，所以相當便利。

6 刮板
為蛋糕抹面時使用。

7 冰袋
製作奶油霜時，用於冷卻鋼盆內部。

8 磅秤
測量材料重量時使用。能正確計算公克數。

9 單手鍋
加熱水和精白砂糖時使用。

11 蛋糕刀
切蛋糕專用的刀子。使用時要注意安全。

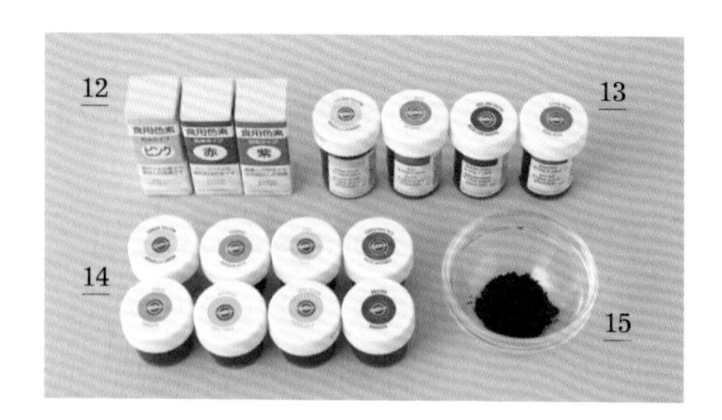

12 粉末狀食用色素
奶油霜上色用。用水攪拌混合使用。

13 凝膠狀食用色素
奶油霜上色用。直接加進奶油霜就能上色。

14 凝膠狀食用色素
奶油霜上色用。本書使用Wilton公司的產品。

15 竹炭粉
製作黑色奶油霜時使用。

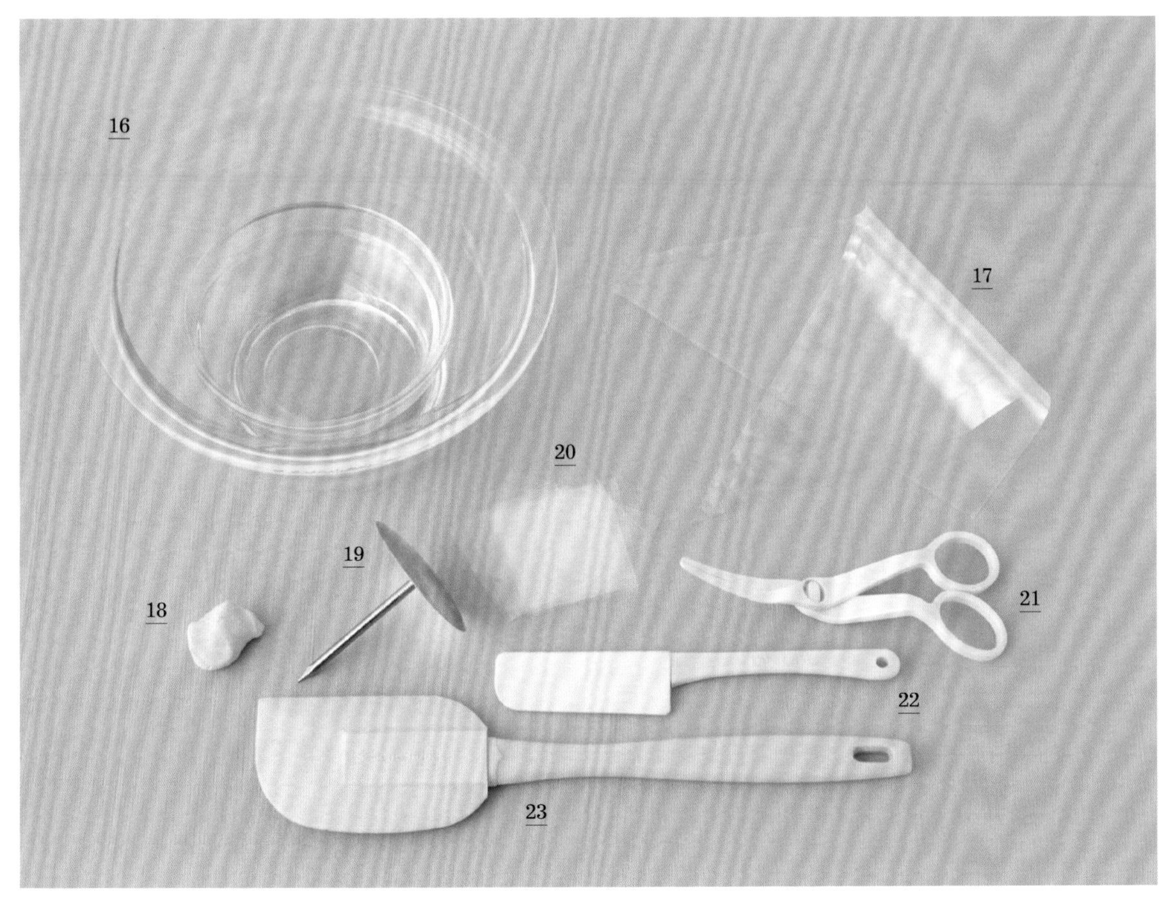

16 透明攪拌盆

奶油霜上色時使用。建議選用可以看到內部的款式。

17 擠花袋

擠花等，裝飾蛋糕時使用。

18 軟橡皮擦

把紙模固定在花釘上面的時候使用。

19 花釘

擠花時使用。就像是用手指轉動的小型蛋糕台。

20 紙模（OPP膜）

鋪在花釘上面。在上面進行擠花。

21 花剪

移動裱花的時候使用。

22 抹刀

裝飾時，進行細部作業的時候，相當便利。

23 橡膠刮刀

把奶油塗抹於大範圍，或粗略混合材料時使用。

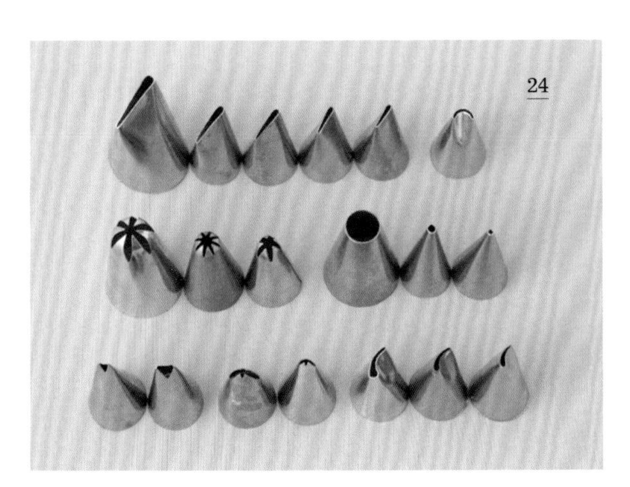

24 花嘴

進行擠花等裝飾時，將其固定在擠花袋上使用的道具。有各種不同的種類（參考P.72）。

基本的奶油霜

若要製作出輕盈鬆軟的奶油，混合的奶油狀態就相當重要。
在此介紹以義式蛋白霜（參考P.70）為基礎的奶油霜。
處理的手法也是關鍵，確實記下步驟再製作吧！

[必要的道具]

- 毛巾
- 鋼盆
- 手持攪拌器
- 溫度計
- 鍋
- 橡膠刮刀

[材料]（容易製作的分量）

- 奶油（無鹽）…………………… 450g
- A
  - 蛋白…… 120g（L尺寸約3顆）
  - 精白砂糖…………………… 20g
- B
  - 水…………………………… 60g
  - 精白砂糖…………………… 240g

[事前準備]

- 讓奶油和蛋白恢復成室溫。

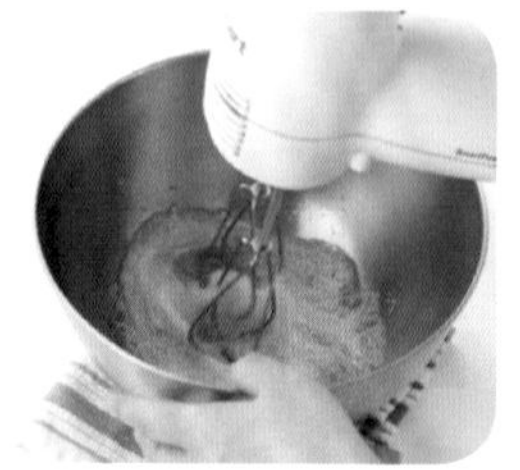

1.鋪上濕毛巾，固定鋼盆，放進材料A，用手持攪拌器稍微攪拌起泡。

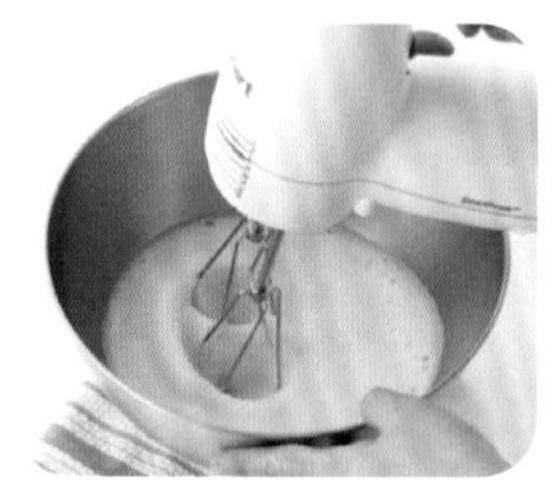

2.蛋白出現細膩的白色泡沫後，關掉手持攪拌器。

3.把材料B放進鍋裡，用略大的中火加熱。砂糖凝固後，不要攪拌，晃動鍋子讓材料混合。糖漿的溫度至113℃後，再次打發步驟2的蛋白霜。

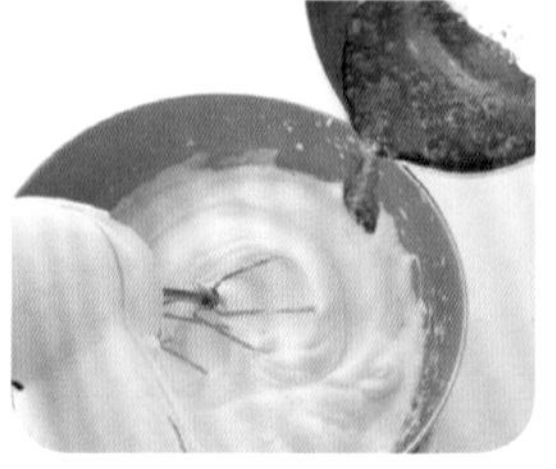

4.糖漿烹煮至117℃後，關火，倒進打發的蛋白霜裡面。沿著鋼盆邊緣慢慢倒入，避免讓手持攪拌器直接接觸到糖漿。

5.糖漿全部倒完之後，進一步打發。待蛋白霜出現光澤、產生勾角，就完成了。

6.手持攪拌器改成低速，一邊打發一邊冷卻。溫度如果過高，稍後加入的奶油就會軟化，所以持續打發，直到溫度下降至40℃為止。

7.把恢復成室溫的奶油分3～4次加入，每一次加入都要充分混合。奶油較硬的時候，就要一邊加熱鋼盆，一邊攪拌。如果太軟則要一邊冷卻，一邊攪拌。

8.奶油全部加入後，拿掉濕毛巾。偶爾轉動鋼盆，進一步充分混合，讓內部充滿空氣。打發直到泡沫變得柔軟後，就完成了。

POINT

恢復成室溫的奶油？

就是把手指放在奶油上，手指會慢慢陷入的柔軟狀態。不管是太硬還是太軟，都不容易充分混合。要製作出輕盈、入口即化的美味奶油霜，最重要的關鍵就是讓奶油恢復成室溫。

試著輕放上手指看看！

奶油霜的染色

只要使用食用色素，就可以輕易製作出色彩繽紛的奶油霜。
藉由色素的用量來改變濃淡，或將色素加以混合搭配，製作各種不同的色調。
這裡將介紹本書所使用的色調之上色方法。

01 凝膠狀食用色素

【必要道具】攪拌盆／牙籤／打蛋器

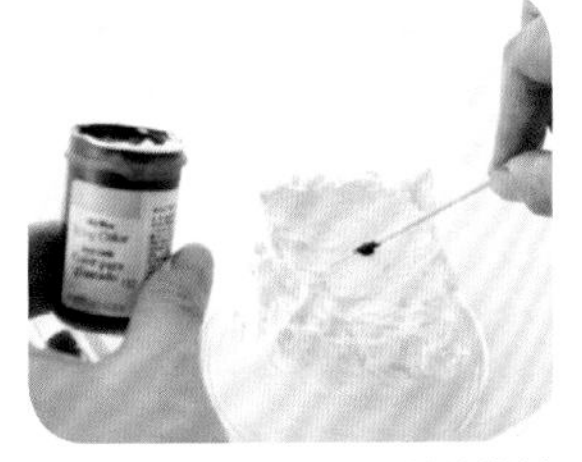

1.把必要用量的奶油霜放進攪拌盆。用牙籤的前端撈取少量的凝膠，直接加進奶油霜中。

2.用打蛋器仔細混合，直到色調均勻為止。一點一滴的少量加入，直到調整出個人喜愛的濃淡程度。每次加入都要充分攪拌。

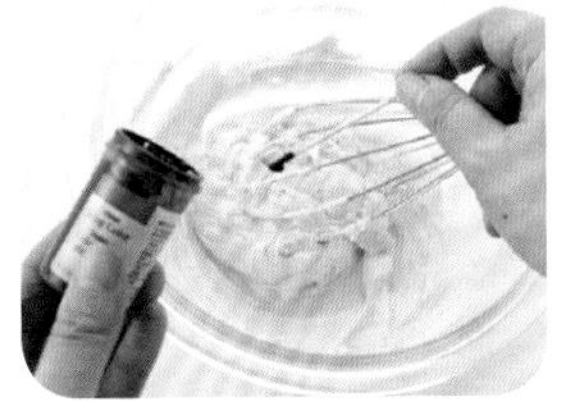

3.希望使用多種色素時，與其同時加入凝膠，不如逐一加入混合，比較不容易失敗。

4.重複步驟1～3的動作，直到製作出個人喜歡的色調為止。

02 粉末狀食用色素

【必要道具】攪拌盆／迷你湯匙（隨附品）／攪拌盆／打蛋器

1.用隨附的湯匙取少量，放進小的攪拌盆裡面，再加入相同分量的水混合。

2.把必要分量的奶油霜放進攪拌盆，加入少量的步驟1。用打蛋器仔細混合，直到色調均勻為止。一點一滴的少量加入，直到調整出個人喜愛的濃淡程度。每次加入都要充分攪拌。

3.只要調整出個人喜歡的色調就可以了。

4.也可以混入凝膠狀色素。希望製作出沉穩的淺灰色調時，建議加入棕色。

03 製作黑色

【必要道具】攪拌盆／湯匙／打蛋器

1.深黑色的調製，建議採用竹炭粉。把必要分量的奶油霜放進攪拌盆，用湯匙取少量竹炭粉加入。

2.用打蛋器仔細混合，直到色調均勻為止。

3.重複步驟1～2的動作，直到製作出個人喜歡的濃淡程度。

POINT

沒有使用完的奶油霜，只要用保鮮膜包起來，放進保鮮容器裡面，就可以在冷凍庫（冷藏約10天）裡保存一個月。要使用時，先放到冷藏庫解凍，然後再用打蛋器打進空氣，讓奶油霜恢復成鬆軟狀態。

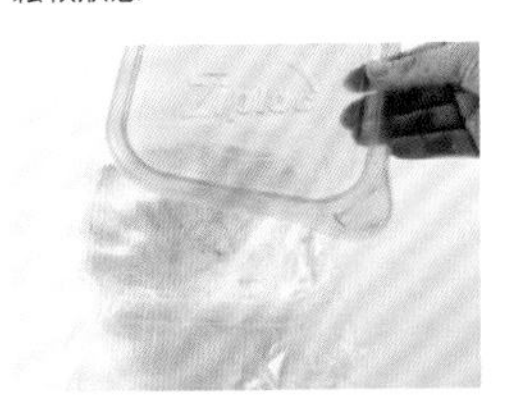

三種基本的蛋白霜

蛋白霜是製作美味奶油霜所不可欠缺的材料。
除了本書使用的「義式蛋白霜」之外，還有「法式蛋白霜」、「瑞士蛋白霜」。
藉此了解每個特徵，依照不同用途去靈活使用吧！

01 義式蛋白霜

把加熱至117℃的糖漿加進打發的蛋白裡面，然後再進一步打發而成的蛋白霜。因為不容易變形，所以最適合用來裝飾蛋糕。另外，糖漿的熱度可以帶來殺菌效果，因此也相當適合拿來製作慕斯或冰淇淋等生鮮點心。

02 法式蛋白霜

糕點製作中，最常見的蛋白霜。分2～3次，把砂糖加進冷卻的蛋白裡面，一邊打發起泡。用烤箱等加熱後，氣泡會膨脹，所以適合用來製作戚風蛋糕或烘焙點心等柔軟的麵體。

03 瑞士蛋白霜

把砂糖加進蛋白裡面，以隔水加熱的方式打發起泡，溫度加熱至50℃左右的蛋白霜。氣泡較細緻、穩定，所以適合用來製作馬卡龍之類的蛋白霜點心，或是蛋糕裝飾等使用花嘴製成的裱花。

在花卉蛋糕上的優缺點

	01 義式蛋白霜	02 法式蛋白霜	03 瑞士蛋白霜
GOOD	◎蛋白可以確實殺菌，因此保存性較佳。 ◎氣泡穩定，不容易因為手的熱度而軟化。	◎製作簡單。 ◎甜而不膩，口感也很好。	◎可以製作出口感極佳的奶油霜。 ◎和義式蛋白霜相比，製作方法比較簡單，少量就可製作。
BAD	×必須同時製作糖漿和蛋白霜，難度較高。	×蛋白沒有經過加熱處理，所以比較容易腐敗。 ×氣泡不穩定，容易因為手的熱度而軟化。	×蛋白沒有經過加熱處理，所以比較容易腐敗。 ×和義式蛋白霜相比，比較容易因為手的熱度而軟化。
特徵	在還沒有習慣作業流程之前，會感覺相當困難，但卻很適合擠花等較細膩的裱花或裝飾。因為有經過加熱處理，所以衛生方面的安全性也比較高。	雖然不適合花卉等較細膩的裱花，不過卻很適合蛋糕的抹面、杯子蛋糕的單純裝飾。	雖然容易軟化，但仍然可以拿來製作裱花等細緻的擠花。比義式蛋白霜更容易製作，所以很適合初學者。

02 法式蛋白霜

[材料]（容易製作的分量）

- 奶油（無鹽）…………………… 200g
- 糖粉（也可用精白砂糖）……… 70g
- 蛋白………… 70g（M尺寸約2顆）

[事前準備]

- 奶油預先恢復成室溫。

HOW TO MAKE

1. 把蛋白和糖粉放進鋼盆，用打蛋器攪拌均勻。（如圖）
2. 用手持攪拌器打發起泡，直到產生勾角。放進冰箱冷藏。
3. 把恢復成室溫的奶油放進另一個鋼盆，用手持攪拌器攪拌成乳狀。只要變得略白且鬆軟就可以了。
4. 把預先冷藏的步驟2放進步驟3的奶油裡面，充分混合攪拌就完成了。

※冷藏保存約3天／冷凍保存約1個月

03 瑞士蛋白霜

[材料]（容易製作的分量）

- 奶油（無鹽）…………………… 225g
- 精白砂糖……………………………… 60g
- 蛋白………… 60g（M尺寸約2顆）

[事前準備]

- 奶油預先恢復成室溫。
- 用平底鍋烹煮隔水加熱用的熱水備用。

HOW TO MAKE

1. 把蛋白和精白砂糖放進鋼盆，用打蛋器攪拌均勻。
2. 隔著熱水，用手持攪拌器打發起泡。隔水加熱的熱水不要煮沸，維持在隱約冒泡的微滾程度即可。（如圖）
3. 蛋白霜確實打發後測量溫度，持續打發至溫度呈現50℃為止。
4. 蛋白霜呈現50℃後，拿掉熱水。手持攪拌器改用低速，一邊打發，一邊讓蛋白霜的溫度冷卻。
5. 把恢復成室溫的奶油放進另一個鋼盆，用手持攪拌器攪拌成乳狀。只要變得略白且鬆軟就可以了。
6. 分三次將步驟4加入步驟5，每次都充分混合即可。

※冷藏保存約10天／冷凍保存約1個月

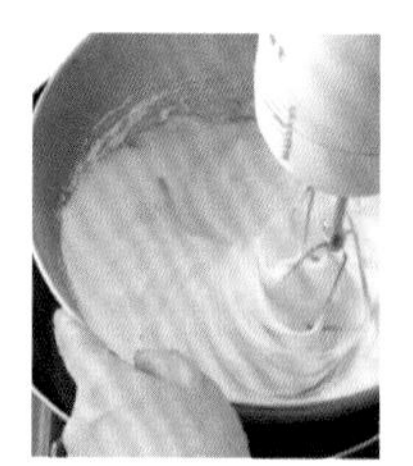

奶油霜的調色

介紹本書主要使用的20種顏色。
也包含了改變濃度的種類，還有混色的類型。
請參考這裡的組合，試著挑戰個人原創的顏色。

※除了紅色食用色素、竹炭粉以外，其他皆使用Wilton公司的Icing Color。
※顏色的發色會因食用色素的微妙用量而產生些許差異，也會因奶油霜的狀態或溫度而產生變化。

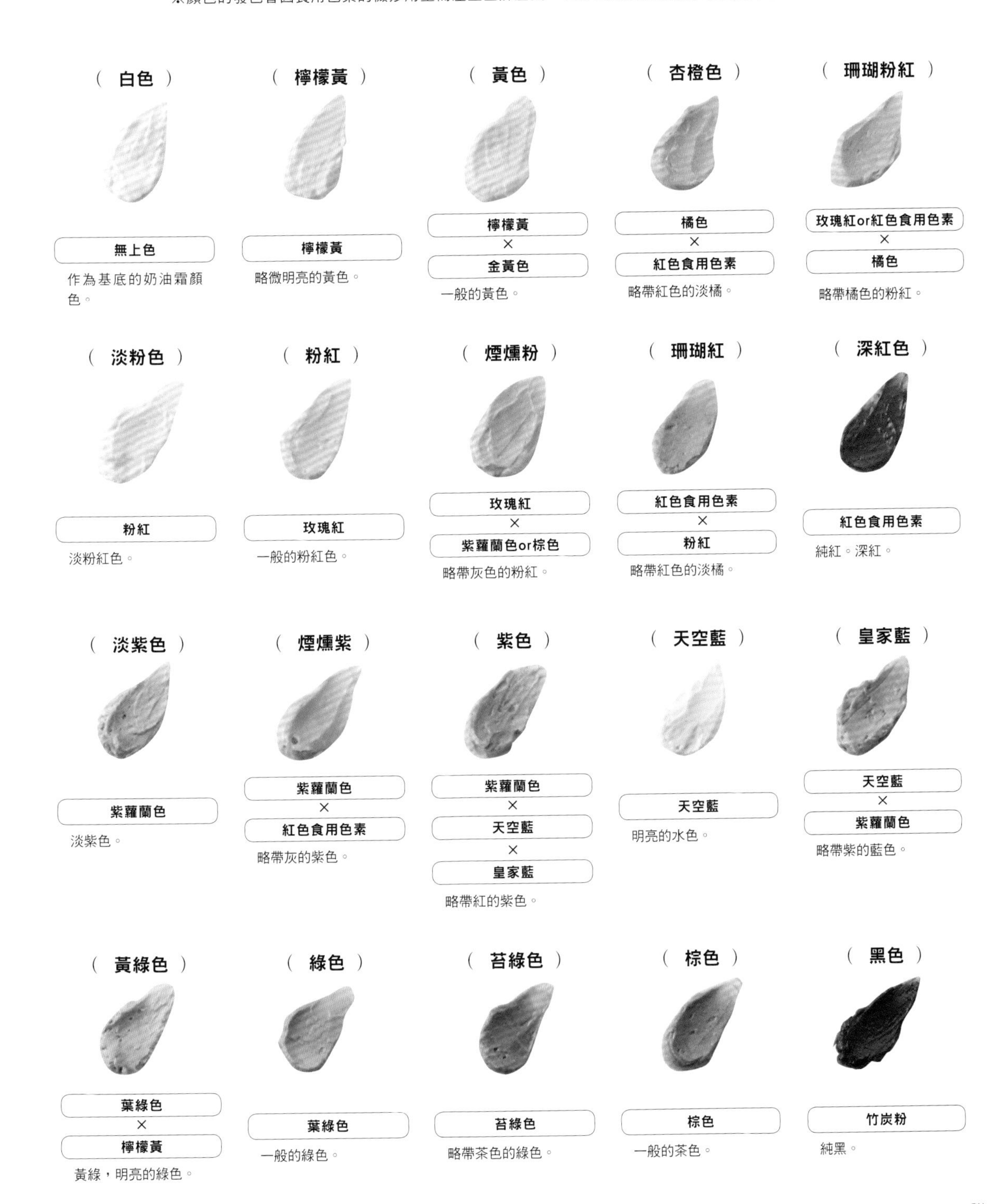

花嘴和擠花袋的使用方法

介紹擠奶油霜時使用的花嘴。
希望製作較細的線條或花蕊部分的小圓點時，手製的「擠花袋」最好用！
請務必連同擠花袋的基本使用方法，一起學習擠花袋的製作方法吧！

玫瑰花嘴

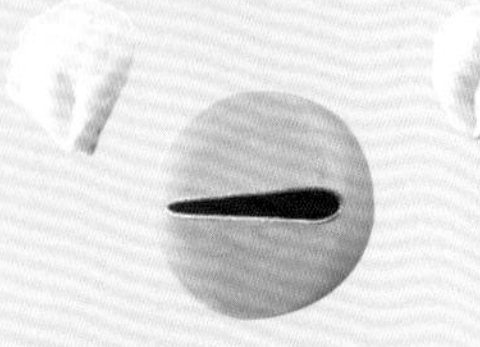
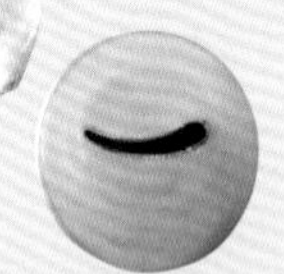

特徵是花嘴的上下寬度不同。本書除了用它來製作玫瑰的花瓣之外，製作雞蛋花等時候也會使用。如果朝左右輕微擺動，也可以製作出皺褶（荷葉邊）。

葉形花嘴

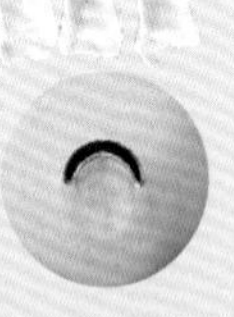

有各種形狀的花嘴，正如其名，可以用來製作出葉子的形狀。本書的歐丁香和菊花等花朵的花瓣也是使用這種花嘴（右圖）。

圓形花嘴

有各種不同的尺寸。只要讓花嘴垂直平貼，就可以擠出立體的圓。如果讓花嘴傾斜，則可以擠出直線。也可以用擠花袋來代替。

五齒形花嘴

在蛋糕裝飾上相當常用的花嘴。只要讓花嘴垂直平貼，就可以簡單擠出小花。

蒙布朗花嘴

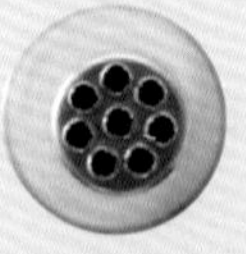

同時擠出數條直線。製作蒙布朗蛋糕時使用的花嘴。在本書則是垂直擠出，用來製作石頭花的莖。

擠花袋的製作方法

用OPP膜或烘焙紙製作擠花袋吧！
為了讓大家可以看得更清楚，照片中使用了有顏色的紙。

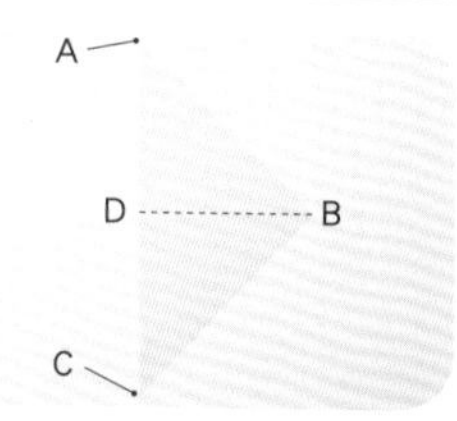

1.把裁切成正方形的膜裁切成一半，製作成等腰三角形。以最長邊的中心點作為前端（D）。

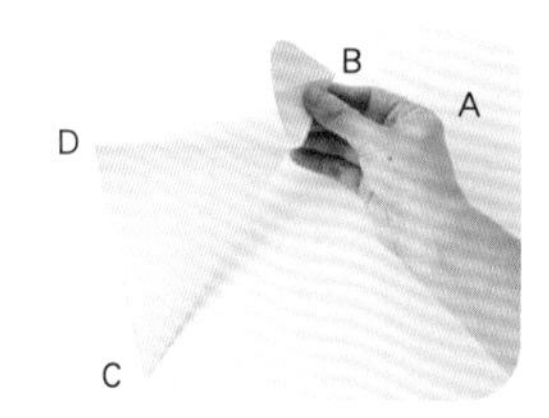

2.把A點往內捲，重疊在B點上。

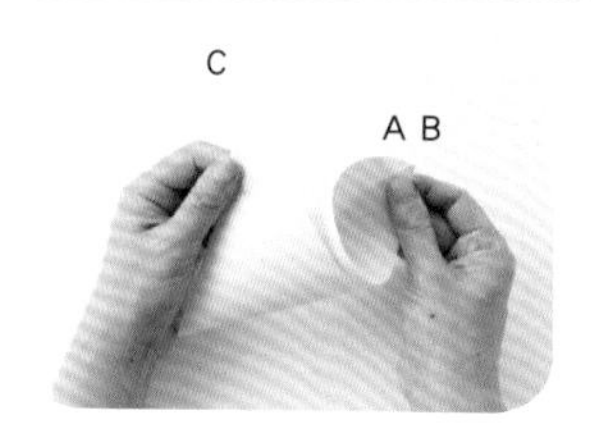

3.緊抓住重疊在一起的A點和B點，把C點往內捲，重疊在B點的背後。

4.確認前端D點有沒有縫隙。

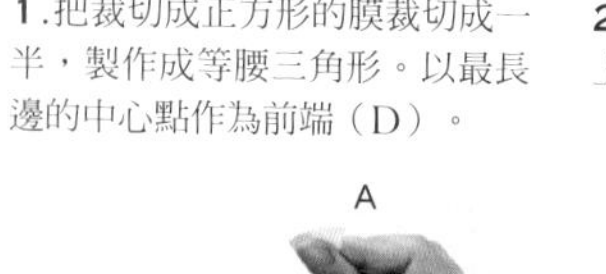

5.右手抓住A點，左手抓住C點，往反方向捲一圈。

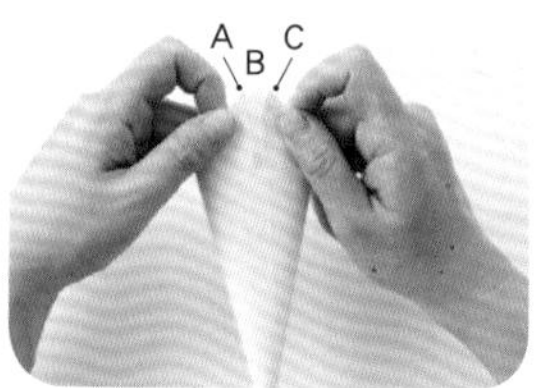

6.只要讓A和C的邊緊閉貼合即可（只有B點在另一端）。

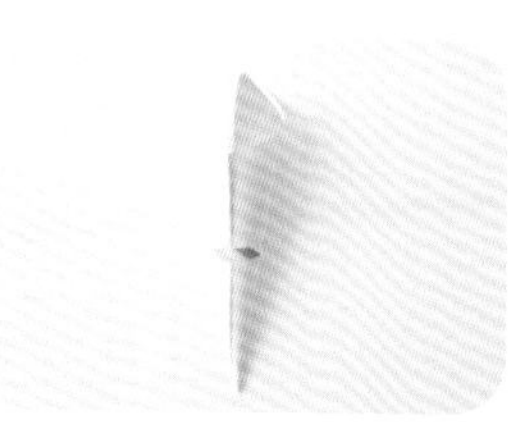

7.確定前端D點沒有縫隙後，用膠帶固定中央，就完成了。

POINT

擠花袋的使用方法

首先，用較小的橡膠刮刀等工具，把奶油霜裝進擠花袋裡。用手把奶油霜推到擠花袋前端，然後用剪刀剪開前端。開口越小，就能夠擠出更小的圓點或細線。

擠花袋的使用方法

手的熱度會讓奶油霜軟化，所以要隨時注意，避免讓奶油霜在手上停留太久。

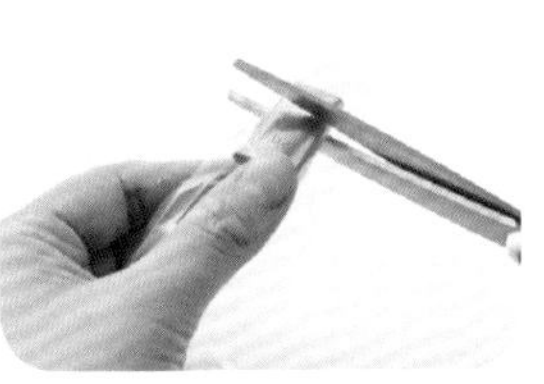

1.把使用的花嘴放進擠花袋的前端。在距離花嘴前端約三分之一的部位，用剪刀稍微剪出記號。

2.筆直剪開步驟1的標記部分，把花嘴的前端塞進擠花袋。

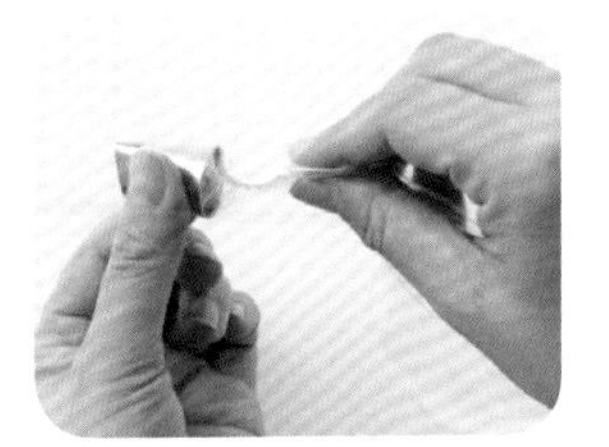

3.把位在花嘴底部的擠花袋扭轉3～4圈，塞進花嘴裡面。

4.把步驟3的擠花袋攤開，放進杯子等寬口的容器裡面，把杯緣的袋口往下摺，讓擠花袋固定。用刮刀把奶油霜裝進袋裡。

5.拿出擠花袋，用慣用手的拇指和食指抓住擠花袋。

6.拉開步驟3塞進花嘴裡的擠花袋部分。

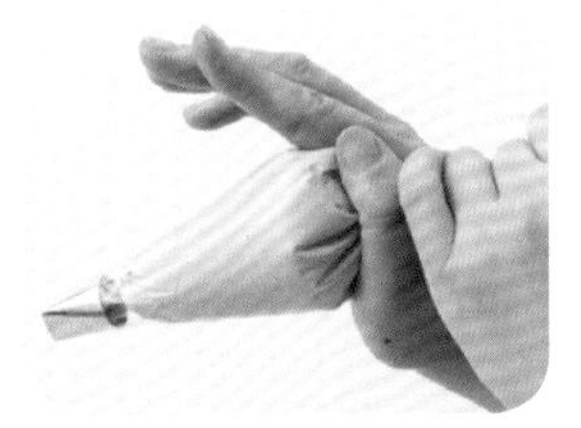

7.用另一隻手抓住擠花袋的袋口，再用慣用手把奶油霜一口氣推擠到擠花袋的前端。

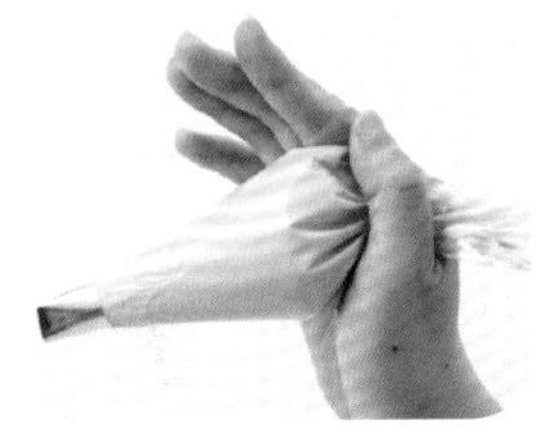

8.只要奶油霜可以從花嘴裡擠出來，就算準備OK。

・(製作漸層奶油霜)・

1.把上色的奶油霜裝填在擠花袋的下方，以塗抹的方式用刮刀慢慢裝填。

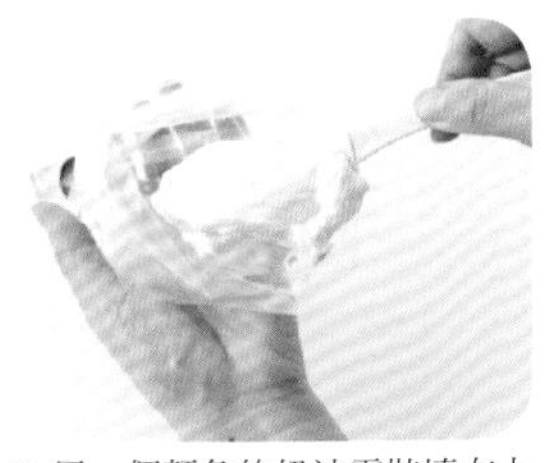

2.另一個顏色的奶油霜裝填在上面。

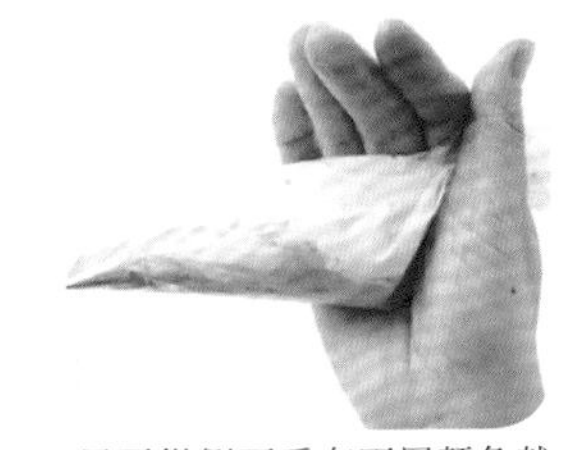

3.只要從側面看有兩層顏色就OK。

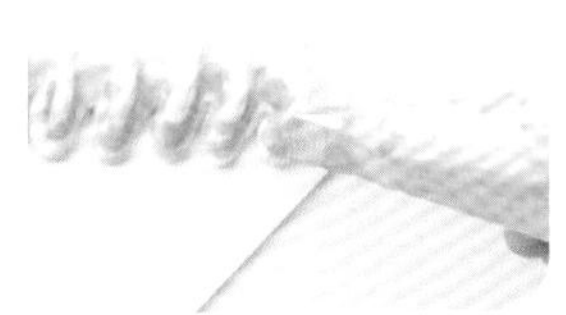

4.擠出漸層的奶油霜。

・(製作大理石紋路的奶油霜)・

1.用擠花的方式把所有奶油霜從擠花袋裡擠出，然後再放進奶油霜。

2.這樣就能擠出大理石紋路的奶油霜。

擠花的基礎

從本書介紹的擠花技巧中，挑選了三種使用了玫瑰花嘴的花朵作介紹。
如果要讓自己的擠花技巧精進，最重要的關鍵就是不斷練習，掌握訣竅。
首先來練習這三種類型的花朵吧！

五片花瓣

擠花技巧中的基礎，只用五片花瓣製作出的花朵。花瓣擠出的角度是立體呈現的關鍵。

【主要的花朵】
藍星花、雞蛋花等

立體花朵

花瓣交錯重疊，宛如包覆著中心的花蕊般。依照花蕊→花蕾→花瓣的順序擠出。

【主要的花朵】
玫瑰、小蒼蘭、鬱金香等

平面花朵

花瓣朝平面擴展的類型。為避免給人平淡乏味的印象，讓上下花瓣交互錯位是重點。

【主要的花朵】
銀蓮花、三色堇等

五片花瓣　使用的花嘴：#103

1.讓花嘴的寬口部分朝下，傾斜45度，貼靠在花釘中央擠出。擠的時候要隨時注意角度。

2.宛如描繪倒水滴形，朝上下挪動擠出花瓣。擠的時候，只要讓花釘朝花嘴的反方向慢慢轉動，就會比較容易擠出。

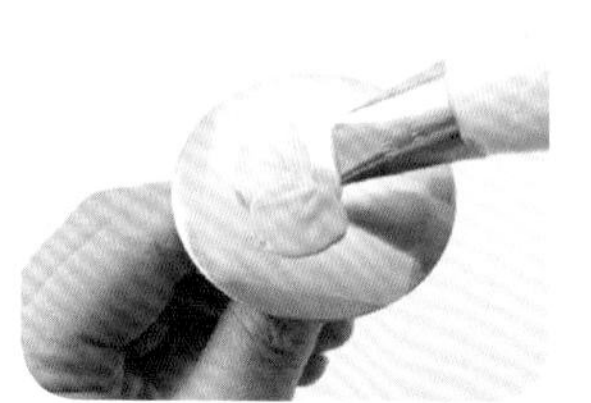

3.第二片開始，要從第一片的尾端正下方開始擠出，讓花瓣稍微挺立。

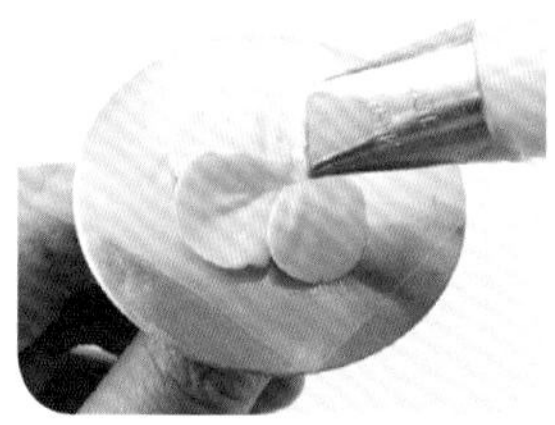

4.第三片之後也要從上一片花瓣的下方開始擠出，方法就跟步驟**2**相同。

5.利用和步驟**2**相同的方式，擠出第四片、第五片。

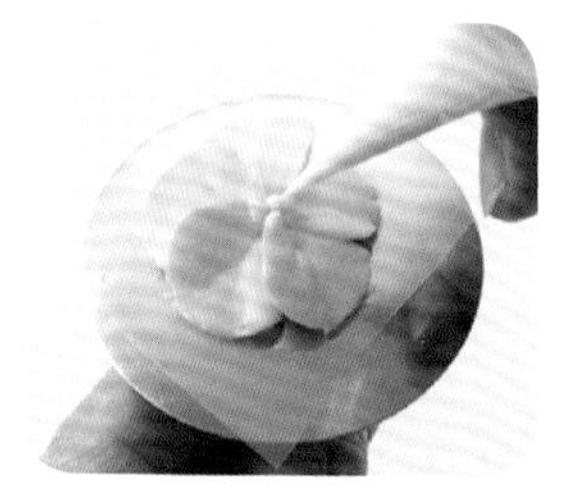

6.用擠花袋在中央擠出3個圓點，五片花瓣的花朵就完成了。

POINT

事前準備

把OPP膜或烘焙紙剪成邊長5cm的正方形。在擠花之前，先裁剪大量的OPP膜起來備用吧！把軟橡皮擦放在花釘上面，再放上薄膜，就可以簡單固定。

立體花朵【玫瑰】 使用的花嘴：＃104

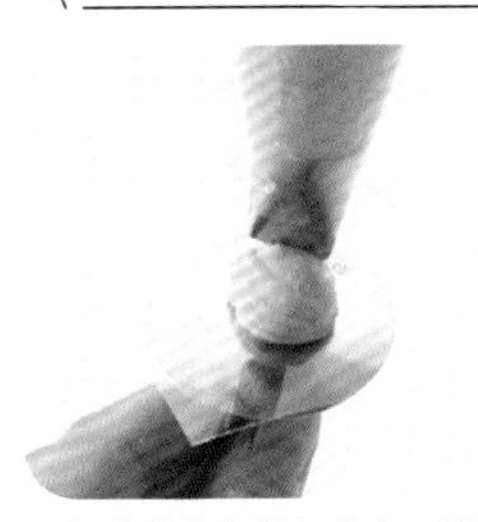
1.把花蕊擠在花釘中央。讓花嘴的寬口部分朝下，垂直拿著奶油霜推壓擠出，最後往上拉。

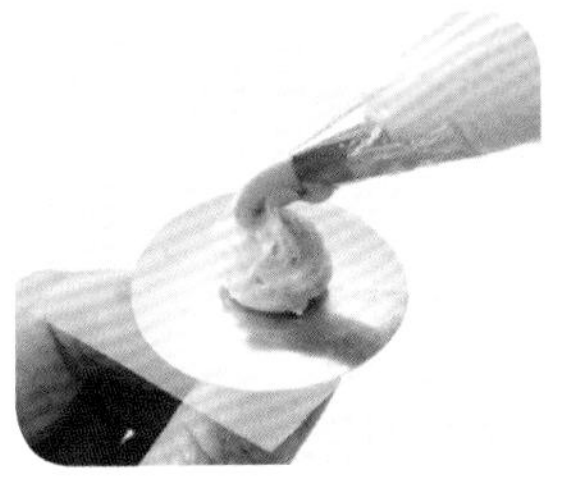
2.用4片花瓣包圍花蕊。首先，從花蕊上部的後方往前，像是包圍住花蕊那樣，擠出第一片花瓣。

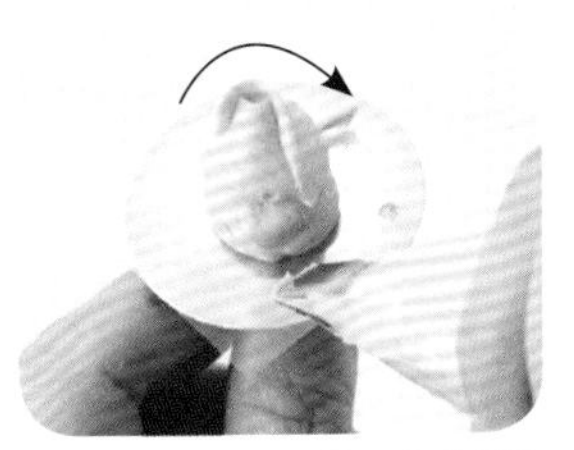
3.第二片花瓣就以第一片花瓣的一半位置作為起點，利用與步驟2相同的方式擠出。

4.第三片就從第二片的一半位置開始，第四片從第三片的一半位置開始，以相同方式擠出後，花蕾就完成了。

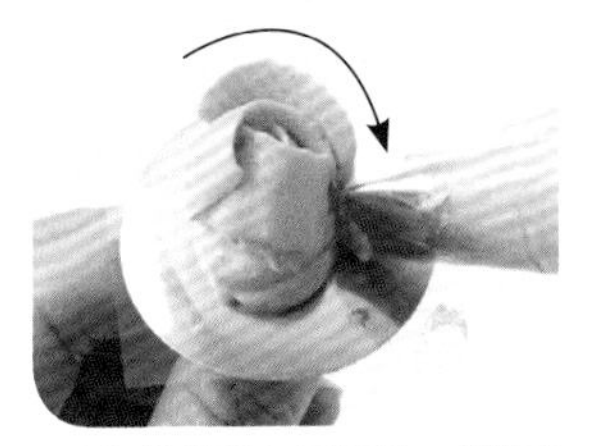
5.用6片花瓣包圍花蕾。花嘴垂直平貼在花蕾第四片花瓣的一半位置。像是讓花瓣直立，以畫半圓的方式，由後往前擠出第一片花瓣。

6.第二片花瓣就以第一片花瓣的一半位置作為起點，方法和步驟5相同。

7.利用與步驟6相同的方式，進一步擠出4片花瓣後，就完成了。隨著越往外側，花瓣的位置要越往上面，這樣就能更顯立體感。

平面花朵【銀蓮花】 使用的花嘴：＃104

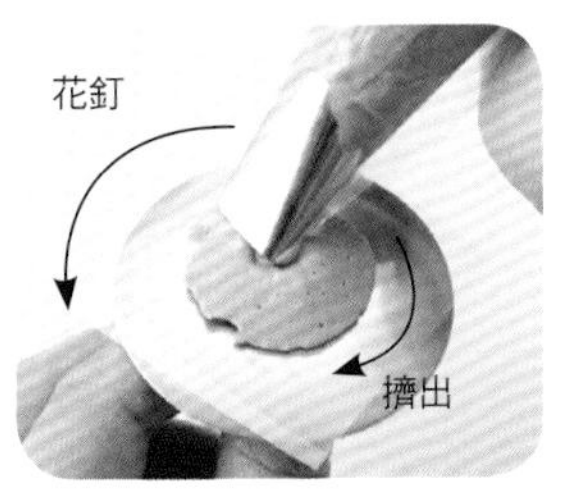

1.把花嘴的寬口部分平貼在花釘中央，以平躺方式握持，擠出一圈圓形。

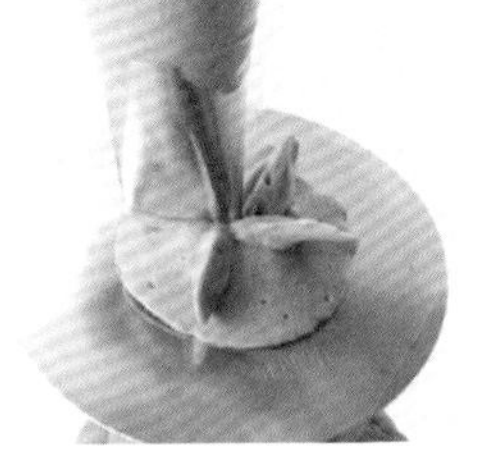
2.花嘴改成垂直握持，讓花嘴的寬口部分落在中央，在等距的四個位置擠出標記。

3.以步驟2的標記為中心，擠出4片花瓣。花嘴要傾斜45度，宛如描繪倒水滴形，朝上下挪動。擠的時候，只要讓花釘朝花嘴的反方向慢慢轉動，就會比較容易擠出。

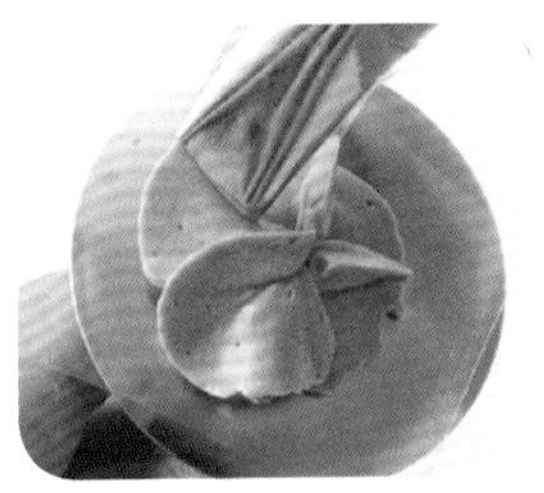
4.第二片花瓣要從第一片花瓣尾端的正下方開始擠出，讓花瓣稍微立起。

5.利用與步驟4相同的方式，擠出第三片、第四片花瓣後，下層的花瓣就完成了。

6.利用與步驟2相同方式，在四處擠出標記。避開與步驟2相同位置，在稍微偏移的位置擠出。

7.重複步驟3～5的動作，擠出4片花瓣。只要讓上下花瓣呈現交錯就可以了。

8.用擠花袋在中央擠出較大的圓點，接著在周圍擠上小的圓點，就完成了。

基底蛋糕的製作方法

用濕潤厚重的麵糊，製作出奶油風味濃厚的「奶油蛋糕」，
以及口感鬆軟而大受歡迎的「海綿蛋糕」。
在此介紹兩種作為花卉蛋糕基底的蛋糕。

·（ 奶油蛋糕 ）·

[必要的道具]

- 篩子
- 鋼盆
- 手持攪拌器
- 橡膠刮刀
- 圓形模（直徑15cm）／瑪芬模（6個）
- 烘焙紙／烘焙杯
- 竹籤

[材料]（直徑15cm的圓形蛋糕1個／杯子蛋糕12個）

Ⓐ
- 低筋麵粉…………………… 150g
- 發粉…………… 多於2分之1小匙

- 奶油（無鹽）……………… 150g
- 鹽巴……………………………一撮
- 精白砂糖…………………… 145g
- 雞蛋（M尺寸）………………3顆
- 牛奶……………………… 1.5大匙
- 蘭姆酒…………………… 1.5大匙

[事前準備]

- 把材料Ⓐ混在一起，過篩。
- 讓奶油和雞蛋恢復成室溫。
- 把烘焙紙（底：直徑15cm的圓形1張，側面：長5cm×寬50cm的長方形1張）鋪在模型裡面。

1.把奶油和鹽巴放進鋼盆。用手持攪拌器攪拌成乳狀。

2.加入精白砂糖打發，直到整體充滿空氣、呈現偏白的蓬鬆狀。

3.分三次加入打散的蛋汁，每次加入都要混合攪拌。如果蛋汁加入前沒有充分打勻，就會產生分離的現象，要特別注意。

4.所有雞蛋都放入之後，進一步打發，直到材料變得蓬鬆。

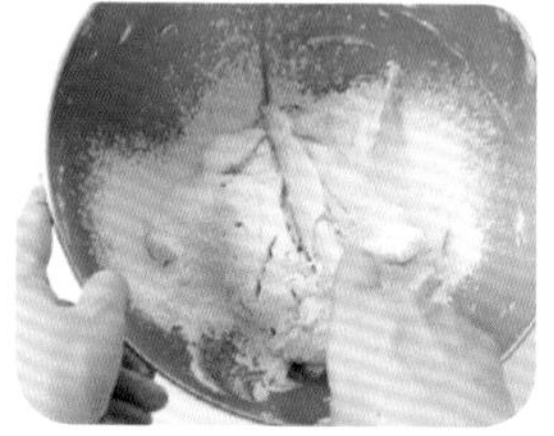

5.把三分之一的材料Ⓐ過篩加入。以切開材料的方式，用橡膠刮刀進行攪拌。從12點鐘方向切入，同時將鋼盆朝內側旋轉，像是撈起底部的材料般去轉動手腕，往9點鐘方向切出。

6.在還略帶粉狀的時候加入牛奶，稍微攪拌混合。再把一半分量的材料Ⓐ過篩加入，利用與步驟**5**相同的方式混合。

7.趁還略帶粉狀的時候加入蘭姆酒，稍微攪拌混合。

8.把剩下的材料Ⓐ過篩加入，利用與步驟**5**相同的方式混合，充分攪拌直到沒有粉末，呈現出光澤為止。

9.把麵糊倒進圓形模。因為中央會膨脹，所以要讓麵糊靠向模型邊緣，讓中央稍微呈現凹陷。

10.用170℃的烤箱烘烤20分鐘，再調降至160℃烘烤20分鐘。以竹籤刺入麵體中央，只要沒有沾黏麵糊，就算完成。

11.杯子蛋糕要在瑪芬模裡面鋪上烘焙杯，倒進的麵糊分量以模型的一半為標準。稍微拍打模型，擠出空氣。

12.用170℃的烤箱烘烤20分鐘。用竹籤插進蛋糕中央，只要沒有沾黏麵糊，就完成了。

・(海綿蛋糕)・

[必要的道具]

- 篩子
- 鋼盆
- 手持攪拌器
- 小鋼盆
- 橡膠刮刀
- 圓形模（直徑15cm）／瑪芬模（6個）
- 烘焙紙／烘焙杯

[材料]（直徑15cm的圓形蛋糕1個／杯子蛋糕12個）

- 低筋麵粉……………………60g
- 雞蛋（M尺寸）……………2顆
- 精白砂糖（或白砂糖）………60g
- 奶油（無鹽）………………20g
- 牛奶……………………………20g

[事前準備]

- 把隔水加熱用的水煮沸。
- 把烘焙紙（底：直徑15cm的圓形1張，側面：長5cm×寬50cm的長方形1張）鋪在模型裡面。

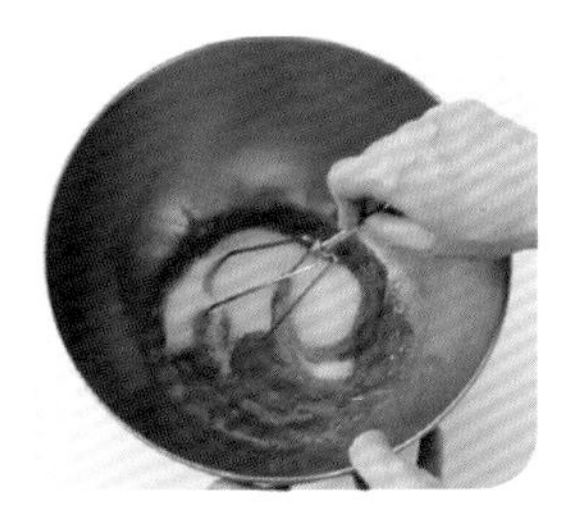

1.把雞蛋放進鋼盆，用打蛋器打散，加入精白砂糖充分攪拌。

2.一邊隔水加熱步驟**1**的鋼盆，一邊打發。待精白砂糖完全融化，溫度和人體肌膚差不多就可以了。拿掉隔水加熱的熱水。

3.把奶油和牛奶放進小鋼盆，隔水加熱。在使用之前持續保溫。

4.用手持攪拌器打發步驟**2**的材料2分鐘（平均每顆雞蛋1分鐘）。一邊把手持攪拌器和鋼盆逆轉，一邊打發。

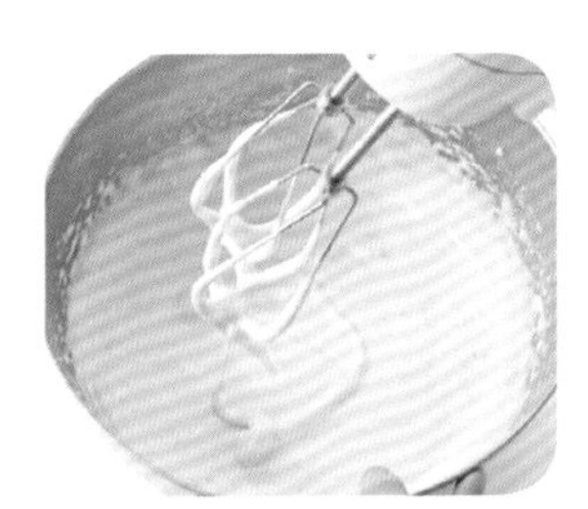

5.拿起手持攪拌器時，只要稠度達到可以用麵糊寫字的程度，就是最佳狀態。

6.手持攪拌器改成低速，緩慢轉動，調整肌理。只要肌理變成緞帶狀就OK了。

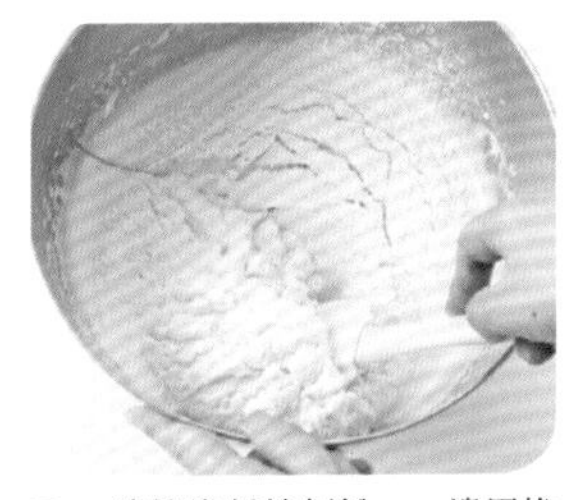

7.一邊篩進低筋麵粉，一邊用橡膠刮刀切劃，快速攪拌60次。橡膠刮刀垂直，朝12點鐘方向切入，同時將鋼盆朝外側轉動，像是把底部的麵糊撈起似的去轉動手腕，往9點鐘方向切出。

8.隔著橡膠刮刀，把步驟**3**隔水加熱的材料倒入，讓材料布滿整體。利用與步驟**7**相同的方法，快速攪拌60次。

9.把麵糊倒進圓形模的中央。拍打模型，擠出空氣。

10.用170℃烤箱烤35分鐘。用手指按壓表面，只要有彈性，就完成了。烘烤完成後，馬上連同模型一起從20cm左右的高處往下摔落1次，接著，倒放在鋪了紙巾的檯子上，放涼即可。

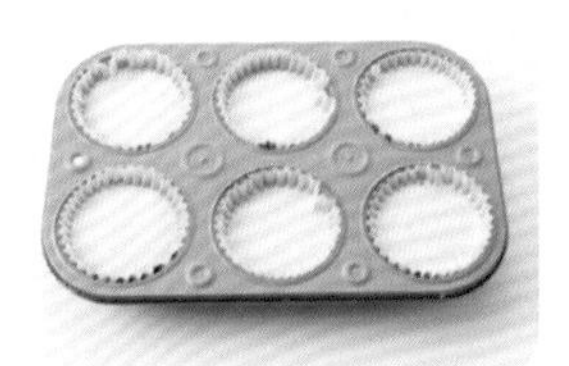

11.杯子蛋糕要在瑪芬模裡面鋪上烘焙杯，倒進的麵糊分量以模型的八分滿為標準。稍微拍打模型，擠出空氣。

12.用170℃的烤箱烘烤20分鐘。用手指按壓表面，只要具有彈性，就完成了。

蛋糕的裝飾方法

學會擠花技巧後，試著挑戰裝飾吧！
介紹本書的四種裝飾方式。
花和蛋糕之間要使用奶油霜來連接，並利用奶油霜的用量來調整裝飾的高度。

01 堆疊裝飾

在蛋糕表面塞滿裝飾的豪華裝飾蛋糕。為了展現出立體感，中央隆起的高度是裝飾的重點所在。像花束般，利用讓花從中央逐漸朝向外側的方式來進行配置。

POINT(1)
奶油蛋糕的中央會呈現隆起狀態，所以正好可以加以運用。海綿蛋糕則要放上小一圈的蛋糕，藉此讓中央高高隆起。

POINT(2)
花和花之間的小縫隙，就利用石頭花等小花或葉子來填補，把表面完全遮蓋起來。

POINT(3)
從主題花卉開始裝飾是裝飾的基礎。像英國玫瑰那種大朵的裱花，最好避免放置在正中央，比較能夠讓整體協調，同時具備存在感。

02 線條

首先，決定好蛋糕的正面，用擠花袋等道具擠出垂直、水平或傾斜等個人喜愛的線條。以那條線為中心，把花朵裝飾在兩側。與其採用左右對稱，稍微隨意的配置，反而更顯協調。

POINT(1)
從大朵的花開始依序裝飾，就能更顯協調。

POINT(2)
遮蓋住用擠花袋擠出的線條。

03

圓圈

就算排列相同種類的花朵，仍然可以顯現可愛氣氛。建議初學者採用的裝飾類型。使用大小不一的花朵製作花環時，要先用擠花袋等描繪出圓形。圓形內側的花要朝向內側，圓形外側的花要朝向外側配置。只要做出高低差，就能呈現出立體感，製作出華麗的蛋糕。

POINT (1)

在內側、外側隨機配置，把擠花袋畫出的圓形遮蓋起來。

POINT (3)

如果是雞蛋花那種簡單的五花瓣花朵，就要讓花朵之間稍微重疊，展現出立體感。

POINT (2)

配置上花瓣朝平面擴展的繡球花之後，只要裝飾上立體的陸蓮花，就可以讓整體更協調。

POINT (1)

彎月部分的縫隙要用小花或葉子等填滿，遮蓋住蛋糕的表面。

04

眉月（三日月）

大膽做出留白的時尚設計。先用擠花袋等道具畫出作為標準的線條，然後再進行配置。以彎月的最寬部分為重心，裝飾上主要的花朵。寬度變細的部分，只要使用小花或葉子，就可以更顯漂亮。留白部分可以寫上祝賀或留言訊息，也適合當成生日蛋糕。

POINT (2)

彎月造型的花朵配置也一樣，擠花袋畫出的線條內側要朝向內側，外側則要朝向外側。

PROFILE

長嶋清美（Nagashima Kiyomi）

Sakura Bloom的管理者。
歷經英國的留學經驗後，開始對糕點製作產生興趣。回國後，在甜點店擔任甜點師傅。同時拜藤野真紀子為師。除此之外，更在今田美奈子甜點教室的分教室，畢業於師範科。在咖啡廳擔任專職甜點師傅，負責原創的客製化蛋糕和烘焙點心等的販售。現在，在自宅及工作室舉辦蛋糕裝飾、糖霜餅乾的甜點教室。同時也會舉辦外地課程。

【部落格】https://ameblo.jp/sakurabloom28/
【instagram】https://www.instagram.com/sakura_bloom_sweets

TITLE

第一次就擠出 夢幻花蛋糕

STAFF

出版	瑞昇文化事業股份有限公司
作者	長嶋清美
譯者	羅淑慧
總編輯	郭湘齡
責任編輯	蔣詩綺
文字編輯	黃美玉　徐承義
美術編輯	孫慧琪
排版	二次方數位設計
製版	大亞彩色印刷製版股份有限公司
印刷	皇甫彩藝印刷股份有限公司
法律顧問	經兆國際法律事務所　黃沛聲律師
戶名	瑞昇文化事業股份有限公司
劃撥帳號	19598343
地址	新北市中和區景平路464巷2弄1-4號
電話	(02)2945-3191
傳真	(02)2945-3190
網址	www.rising-books.com.tw
Mail	deepblue@rising-books.com.tw
初版日期	2018年1月
定價	280元

ORIGINAL JAPANESE EDITION STAFF

発行者	大沼 淳
撮影	福井裕子
スタイリング	木村　遥（スタジオダンク）
デザイン	田山円佳（スタジオダンク）
イラスト	今井夏子
校正	岡野修也
企画	小野麻衣子（スタジオダンク）
編集	老沼友美（スタジオダンク）
	木島理恵
	平山伸子（文化出版局）

國家圖書館出版品預行編目資料

第一次就擠出夢幻花蛋糕 / 長嶋清美作
; 羅淑慧譯. -- 初版. -- 新北市 : 瑞昇文化,
2018.01
80面 ; 19 x 25.7公分
ISBN 978-986-401-214-5(平裝)

1.點心食譜

427.16　　106022521